アートのための数学

第2版

牟田 淳 著

Ohmsha

図1 虹の色

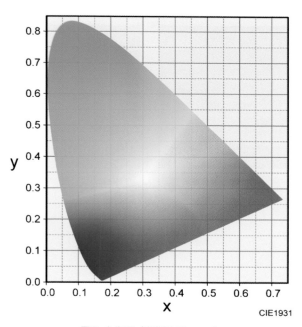

図2 色度図（出典元 Phonon）

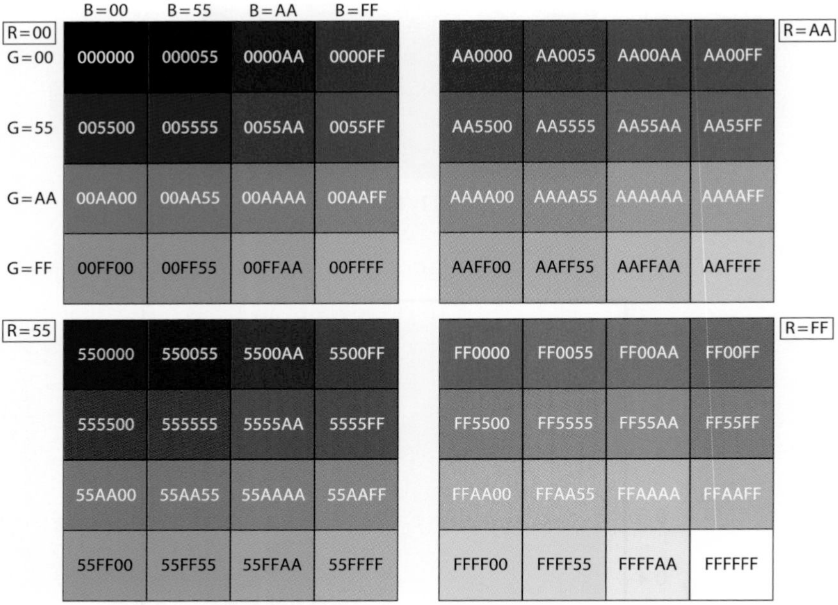

図3　16進法であらわしたWebカラー表

加工前 加工後

図4 トーンカーブで加工した天体写真（著者撮影）

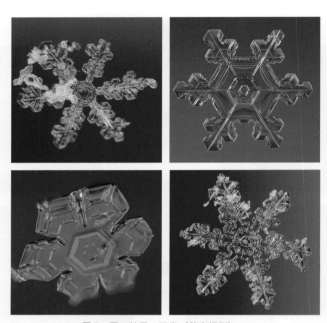

図5 雪の結晶の写真（著者撮影）

第2版にあたって

2008年5月に初版を発行してから、12年たちました。その間、本書は刷りを重ね、お陰様で10刷まで出版しました。本書をご購入された読者の皆さま、どうもありがとうございます。お陰様でこの度、『アートのための数学』は第2版を出版することになりました。

第2版は初版のすべての章で何らかの改訂がなされています。初版よりもより詳しく、わかりやすく、かつ深く学べるようになっています。初版を既にご購入された方も、ぜひ第2版を購入していただけるとありがたいです。

本書は実際に著者が大学で授業として使用している本です。そのため受講している学生から頂いた様々な意見などを参考に、教える内容を毎年検討改良して教える内容も年ごとに少しずつアップデートしていました。第2版ではこれら実際の授業での経験も反映させた内容になっています。

第2版では時代の変化の影響も取り入れました。例えばカメラの分野は初版が書かれた2008年と第2版が書かれた2020年では状況が大きく変わっています。そこで、カメラのレンズに関してより新しい内容を説明するようにしました。同様にFlashもあまり使われなくなったので、Processingに置き換えました。他にも様々な章で時代の変化を取り入れています。

初版はもともと芸術系学生など文系の方を主な読者層として書かれた本のため、数式を使わないと理解しにくい部分は省略し、極力数式を使わないようにして書きました。しかし、読者層の中には理系の読者もいらっしゃることから、これまでの「発展」に加えて第2版では理系向けにいくつか「発展」を追加しました。そして理系の人も「発展」を読むことにより、より深く理解できるように配慮しました。例えばF値と像の明るさの説明、ウェーバー・フェヒナーの法則、ベジエ曲線の具体的なあらわし方などをきちんと数式を用いてわかりやすく説明し、「発展」として追加しました。

　初版と同様第2版出版に当たり、オーム社様には様々なサポートと助言を頂きました。どうもありがとうございます。また、初版と同様イラストをご担当されたｍUDA様のイラストのおかげで本書がより親しみやすい本になり、感謝しています。また、東京工芸大学の受講生の皆様には授業内で沢山のコメントを頂きました。どうもありがとうございます。

2021年1月

牟田　淳

第1版の「はじめに」

　この本は、「アートのための数学」という題名のとおり、アートに関係する数学を説明しています。アートを志している文系の学生や、アートに興味のある社会人、そしてアートを通じて数学を学びたい人が主な対象です。高校で数学を深く学んでいないことを前提にしているので、高校の数学では対数がまったくわからなかったとか、三角比がわからなかったとか、数学はちょっと苦手という人にも、アートを通じて数学を楽しめる内容になっています。もちろん、アートだけに興味がある人や、数学だけに興味あるけど高校の数学の教科書を難しく感じている人にも役に立つ内容になっています。

　アートの世界では、音、光、色彩といったものが重要になります。「なぜ、ドミソの和音はきれいに響くのでしょう？」「きれいな写真を撮りたいけどどうしたらいい？」「赤色の光と緑色の光を混ぜると何色になるの？」など、いろいろなケースで音、光、色彩の知識が登場します。そんなとき、難しい数学はまったくいりませんが、やさしい数学をちょこっと知っているとすっきり理解できることがあります。

　あるいはパソコンで作品を作り出したり加工したりする場合には、デジタルとかビットとかベジエ曲線とかトーンカーブといった知識が必要になります。口絵の図3のように写真を加工するにも、ちょこっと数学を知っているだけでツールを使いこなしやすくなります。本書では3DCGやアニメーションを作りたい人のためにもいくつか章を設けました。「アニメーションや3DCGは普通の2次元のCGより難しい」と感じている人が、少しだけ数学を理解して3DCGやアニメーションになじんでもらえれば幸いです。

　それに、美しい形の中には数学が隠されていることもあります。いちばん有名なのは黄金比でしょう。でもそれだけではありません。たとえば口絵の図4のような美しい雪の結晶。感性も表現力ももたない自然が雪の結晶のような美しい形を作り出すのは驚きです。雪の結晶が美しい理由のひとつは、そこに「シンメトリー」があるからです。シンメトリーのような概念も数学の言葉で説明できます。

謝 辞

　この本は筆者が勤務している東京工芸大学芸術学部での授業をもとに作られました。筆者は授業のとき、ほぼ毎回学生に授業の感想を書いてもらっています。そこでの学生の感想が、どのような話題が人気があるのかなどを知る上でとても参考になりました。

　口絵の図5の写真は、同大学芸術学部写真学科卒の高木こずえさんの在学中の作品です。TARO NASU GALLERY様のご好意により本に使わせていただくことができました。ありがとうございます。

　美しい雪の結晶を提供していただいた吉田覚様（雪の結晶写真の撮影者吉田六郎様のご子息様）、アルハンブラ宮殿の写真を提供していただいたWa☆Daフォトギャラリー様、他素材を提供していただいた株式会社セコニック、株式会社ケニス社、キヤノン株式会社、株式会社ケンコー、写真素材「フォトライブラリー」(http://www.photolibrary.jp/)、国立天文台に感謝します。

　そしてこの本を出版する機会を下さった株式会社オーム社の皆さんに深く感謝します。また、本書のやわらかい雰囲気のするイラストを描いてくださったUDAさんに感謝いたします。

2008年5月

牟田　淳

目次

第 1 章

明るさを知るための数学

　「ルクス」「ルーメン」「カンデラ」。これ、何の言葉だかわかりますか?

　じつは、これらはみんな「明るさ」に関係した単位なのです。明るさといってもいろいろな明るさがあるのです。写真撮影、ビデオ撮影、プロジェクター、液晶ディスプレイなど「明るさ」が関係するところでこれらの言葉が出てきます。

　この章では、いろいろな「明るさ」を知って、光を使いこなす第一歩を踏み出しましょう。

1.1 昼と夜では明るさは1億倍もちがう！ ——「ルクス」（lx）とは?

写真撮影と明るさ

本格的な写真を撮る際、しばしば「露出計」と呼ばれる機械が使われることがあります。露出計を被写体のそばに持っていって、その場所の明るさを測り、カメラをいろいろ設定して写真を撮影するのです。

図1.1　露出計（出典元：Sekonic Inc.）

でも明るさなんて、わざわざ機械を使わなくても自分の目で見ればだいたいわかるのでは？とおもうかもしれません。けれども、じつは人間の目というのは明るさをあまり正確に感じ取ることができないのです。

例えば、昼間の屋外で明るさが2倍変わっても、見た目には2倍明るさが変わったとは感じないのです。つまり、

人間の目は明るさを正確に感じ取ることができない。

なので、マニュアル撮影のときに人間の目で明るさの目安をつけて露出時間を決めるなんてことは、とてもじゃないですが普通の人にはできないのです[*1]。

照らされた明るさ、「照度」とルクス

さて、明るさのあらわし方はいろいろあります。この節では、まず最も簡単な明

[*1] 最近のカメラには、たいてい露出計が内蔵されているので、全自動撮影であればカメラが露出時間を決定してくれる。しかし、マニュアル撮影などで被写体に入射する光の明るさを測定して露出を決める場合など、きめ細かく明るさを知りたいときには露出計が必要になる。

るさを紹介しましょう。

　照明などで部屋を照らすと、部屋は明るくなります。このときの「照らされた明るさ」のことを「照度」といいます。照度の単位は「ルクス」(lx) です＊²。

　この節では「明るさ」といったら「照度」のこととします。

　それでは、先ほどの「人間の目は明るさを正確に感じ取ることができない」例を紹介しましょう。

　露出計に似た明るさを測る機械に、「照度計」というものがあります。いま著者は、部屋で原稿を書きながら照度計を使って明るさを測っています。キーボードの上の明るさは200ルクスでした。ところが、ちょっと照度計を動かしてパソコン台の上に置くと、100ルクスになりました。自分が椅子に座ったまま、ちょっと照度計を動かすだけで、2倍も明るさが変わってしまうのです。しかし、自分では2倍も明るさが変わったとは全然感じないのです。

　この例からも、人間の目は明るさを正確に感じ取ることができないことがわかります。そのため、露出計や照度計のような機械に頼らなければ明るさを正確に測ることはできません。

　もし、露出計や照度計を所有しているなら、ぜひ持ち歩いてみましょう。そして、目盛りが大きく変化するときに自分の目で明るさの変化がわかるか、確かめてみましょう。

いろいろな場面の明るさ

　表1.1に代表的な明るさをのせました（ただし、あくまでも目安であって、状況によりけっこう変化します）。

　30ワットの蛍光灯が二つある8畳間の室内、つまりおおまかには居住用の室内の明るさは300ルクス、晴れの日の昼は100000ルクスです。つまり晴れの日の屋外のほうが30ワットの蛍光灯が二つある8畳間の室内よりも100000÷300よりおよそ330倍も明るいということになります。

　せっかくなので、ほかにもいろいろな場所の明るさを覚えておきましょう。曇りの日は25000〜32000ルクス、百貨店の売り場は先ほどの大まかな居住用の室内の明るさ300ルクスより2倍程度明るく500〜700ルクスです。「屋外は数万から10万ルクス、明かりのある室内は数百ルクス程度」と覚えておけばよいでしょう。

　月明かりは0.5〜1ルクス、満天の星空は0.001ルクスとなります。

＊2　ルクスは英語で lux と書くが、単位記号としては lx である。

表1.1　いろいろな場所の明るさ（『こよみハンドブック2020.4〜2022.4』大阪市立科学館より）

場所	明るさ	満天の星空より何倍明るいか？
晴れの日の昼	100000ルクス	1億倍
曇りの日	25000〜32000ルクス	2500万〜3200万倍
百貨店の売り場	500〜700ルクス	50万〜70万倍
日の出日の入り	300ルクス	30万倍
30ワット蛍光灯2本の8畳間	300ルクス	30万倍
街灯下	50〜100ルクス	5万〜10万倍
月明かり	0.5〜1ルクス	500〜1000倍
満天の星空	0.001ルクス	1倍

　表1.1にはさらに「満天の星空より何倍明るいか」をのせました。

　月明かりは満天の星空よりなんと500〜1000倍も明るいのです。

　満天の星空より室内の明るさは30万倍も明るく、そして晴れの日の真昼の屋外はなんと1億倍も明るいのです。つまり、

昼と夜では、明るさは1億倍も変わってしまう！

のです。そんなにちがうの？とおもうかもしれません。照度計の例でも説明したように、人間の目は「明るさ」を正確に感じ取ることができないのです。このことについては後ろの章（第6章〜第7章）でさらに詳しく説明します。

　それでは、この節のまとめです。

照らされた明るさを照度といい、単位はルクス（**lx**）である。

● **確認してみよう**

　街灯下は何ルクス？

　答え：50〜100ルクス（表1.1より）

1.2 プロジェクターの明るさはどうあらわす？ ── 「ルーメン」（lm）とは？

　今度はプロジェクターの明るさを考えてみましょう。明るいプロジェクターを購入しようと電気屋さんに行ってみても、先ほど説明したルクスという言葉は全然見当たりません。その代わり「ルーメン」という言葉がやたらと目につきます。2000ルーメンのプロジェクターとか、4000ルーメンのプロジェクターといった具合です。ルーメンっていったい何なのでしょう？　ルクスと何がちがうのでしょう？

照らされた明るさは照明からの距離によって変わる

　まずは次のクイズを考えてみてください。

● クイズ

同じ明るさのLED照明が机の上と天井にあります。どちらが机を明るくすることができるでしょう？
（ア）机の上のLED照明
（イ）天井のLED照明

　どちらも同じ明るさですが、天井のLED照明は机から距離が離れているので、机をあまり明るくすることはできません。一方、机の上のLED照明は机から距離が近いため、机を明るくすることができます。つまり答えは「（ア）」なのです。照明が机に近いほど机は明るく照らされるのです。つまり、

「照度」（照らされた明るさ）は、
照明など光を出すものからの距離によって変わる

のです。
　壁に懐中電灯を照らす例に考えるとわかりやすいでしょう。暗い部屋で懐中電灯で壁を照らすと、壁に懐中電灯を近づけるほど壁は明るくなりますが、壁から懐中電灯を遠ざけると光が広がり薄まってしまい壁は暗くなってしまいます。

光源の明るさと光束、ルーメン

　LED照明やプロジェクターをまとめて今後、「光源」と呼ぶことにしましょう。1.1節で学んだ「照らされた明るさ」は光源から遠ざかるほど暗くなるので、光源の場合は、代わりに「光源の明るさ」を考えましょう。この「光源の明るさ」は、光源の出す光の量に注目すればよいと考えられます。光源の出す光の量が多ければ多いほど「明るい」光源だと考えられるからです。

　光源の出す光の量をあらわすのによく使われるのが、光の束つまり「光束」です。その単位が、先ほどプロジェクターの話で出てきたルーメン（lm）です。すると、4000ルーメンのプロジェクターは、2000ルーメンのプロジェクターと比べて出す光の量が2倍多くなっているため2倍明るいということになります。

　プロジェクターの性能を考えるとき、プロジェクターがどれだけ光を出すかが重要になります。たくさん光を出すほど、大画面に明るい映像を映し出すことができるからです。モバイルタイプのプロジェクターは2000ルーメン程度、普通の教室用のプロジェクターだと5000ルーメン程度、大教室用だと10000ルーメン程度のプロジェクターが必要になることもあります[*3]。

　ここで、表1.2に照度と光束の違いをまとめます。

表1.2　照度と光束の違い

名前	単位	おおまかな意味
照度	ルクス	照らされた明るさ
光束	ルーメン	光源の出す光の量（光源の明るさ）

どのくらい暗くなる？

　スクリーンの位置をプロジェクターから離すほど、光は広がり薄まってしまい、スクリーンの映像はどんどん暗くなります。

---

　*3　プロジェクターの場合、ANSIルーメンと呼ばれる光束の単位が使われることもある。

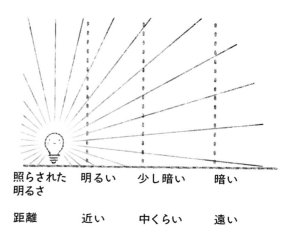

図1.2　光源から離れるとどれくらい暗くなる?

具体的にはどのくらい暗くなるのでしょう？　そのことを考えるために、以下の
クイズを考えましょう。

● **クイズ**

電球から1メートル（m）離れたところにスクリーンを置いたところ、明るさが
10000ルクスであった。このスクリーンを移動して2m離れたところにスクリー
ンを置くと、何ルクスになるか？　ただし、電球の大きさは無視する。

（ア）5000ルクス

（イ）2500ルクス

（ウ）1000ルクス

距離が2倍になったので半分の5000ルクス！よって正解は「ア」……と答えた人、
残念ながら間違いです。距離が2倍になると、$\frac{1}{2}$倍ではなく、なんと$\frac{1}{4}$倍の2500
ルクスになります。つまり「イ」が正解です。2倍離れると、明るさは10000ルク
スから$\frac{1}{4}$倍の2500ルクスになってしまうのです。次の図1.3を見てください。

📄 距離が 2 倍になると明るさは 1/4 倍に！

距離 2 倍

→**照らされる面積 4 倍**

→**明るさ $\dfrac{1}{4}$ 倍**

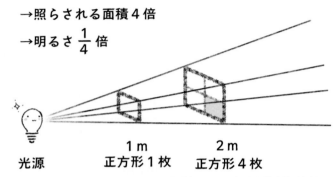

1 m	2 m
正方形 1 枚	正方形 4 枚

光源

図1.3　光源から離れると照らされた面積が大きくなったぶんだけ暗くなる

なぜ、$\dfrac{1}{4}$ 倍になったのでしょう？　以下、その理由を解き明かしていきます。

　光源から離れると暗くなるのは、光が広がって薄まってしまうからです。それではどれくらい薄まるのでしょう？　いま、図1.3のように、光源から 1 m 離れた場所では たて 1 m × よこ 1 m の正方形が照らされているとします。光源から 2 m 離れると、照らされる正方形のたての長さは 2 倍、よこの長さも 2 倍になります。よって、照らされる面積は $2 \times 2 = 4$ 倍になります。つまり光は4倍薄まってしまうので、明るさは $\dfrac{1}{4}$ 倍の 2500 ルクスになります。

　以上を一般化しましょう。光源からの距離が a 倍になると、照らされる四角形の面積はたて、よこどちらも a 倍されるので a^2 倍になります。つまり光が a^2 倍薄まってしまうので、明るさは $\dfrac{1}{a^2}$ 倍になるのです。

光源からの距離が a 倍になると、明るさは $\dfrac{1}{a^2}$ 倍になる

　例えば、距離が3倍、4倍と離れると、照らされた明るさは $\dfrac{1}{3^2} = \dfrac{1}{9}$ 倍、$\dfrac{1}{4^2} = \dfrac{1}{16}$ 倍とどんどん暗くなっていきます。光源から離れると、急に暗くなるのです。

　次の「確認してみよう」は応用問題です。がんばってみましょう。

● **確認してみよう**

電球から10m離れたところの明るさは100ルクスであった。5mの場所での明るさは？

答え：距離が $a = \dfrac{1}{2}$ 倍なので $\dfrac{1}{a^2} = 2^2 = 4$ 倍となり、$100 \times 4 = 400$ ルクス。

さて、ここまでずっと「光源から離れると急に暗くなる」と説明してきましたが、じつは「光源から離れてもあまり暗くならない」方法があります。それは、例えばレンズを使う方法です。暗くなるのは光が拡散して薄まってしまうためなのだから、レンズで光の道筋を変えて薄まりにくくしてしまえばいいわけです。懐中電灯などは前面にレンズがついているものが多く、レンズによって光を前方に集中させて比較的薄まりにくくしているわけです。

ルクスとルーメンの関係

プロジェクターの光の量（光束）と照らされたスクリーンの大きさから、おおよそのスクリーン上の明るさ（照度）を以下のように見積もることができます。

例えば6000ルーメンのプロジェクターでたて2m×よこ3mのスクリーンに投影すると何ルクスの明るさになるかが計算でわかるのです。

ここで、光束（ルーメン）と照度（ルクス）は以下の関係で結びついています。

　　光束が1ルーメンのプロジェクターで たて **1m**×よこ **1m** の
　　スクリーンを照らすと、スクリーンの照度は**1ルクス**となる。

ここで同じスクリーンを2倍の2ルーメンのプロジェクターで照らすと、スクリーンの明るさは2倍の2ルクスになります。

一方で、同じ1ルーメンのプロジェクターをスクリーンに近づけて、照らされたスクリーンの面積が $\dfrac{1}{2}$ 倍になるまで近づけると、光は2倍濃くなるので、照らされたスクリーンの明るさは2ルクスになります。以上を数式でまとめると、

$$照度（ルクス） = \frac{光束（ルーメン）}{照らされた面積}$$

です。

よって6000ルーメンのプロジェクターでたて2m×よこ3m（面積6m^2）のスクリーンに投影すると、スクリーンの明るさは $\dfrac{6000}{6} = 1000$ ルクス になります。

方向によって明るさが異なる照明の明るさはどうあらわす？ ―「カンデラ」(cd) とは？

▶ 方向への光の量〜カンデラ〜

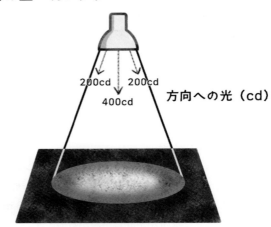

図1.4 スポットライトと方向によって異なる明るさ

　作品や商品に光を当てるために、「スポットライト」と呼ばれる照明を使うことがあります。スポットライトでは図1.4のように照明の真下が最も明るく、真下からずれるに従い暗くなっていきます。つまり、方向によって明るさが変わるのです。これは、方向によって光の量が変わると解釈することもできます。

　このように方向によって明るさ（光の量）が変わる場合、ある方向への明るさ（光の量）をあらわす量を光度といい、その単位をカンデラ（cd）といいます。例えば図1.4で真下方向には 400 cd、斜め方向には 200 cd であるなどといいます。カンデラ（cd）の語源はキャンドル（ろうそく）という意味のラテン語に由来します。また、これまで明るさの単位はルクスなどカタカナで書いてきましたが、カンデラは cd と書くことが多いので cd と書くことにします。

　それでは具体的にどのようにして方向への光の量をあらわすのでしょうか？　方向はしばしば角度であらわします。そこでいま、図1.5のように角度 α に一定の明るさの光が出ているときを考えましょう。すると角度 α の間の光の量を角度 α で割った「$\dfrac{光の量}{角度\,\alpha}$」がその方向への光の量となります。それではまとめましょう。

$$\text{光度（方向への光の量）} = \frac{\text{光の量}}{\text{角度}\alpha} \quad \text{（単位は \textbf{cd}）}$$

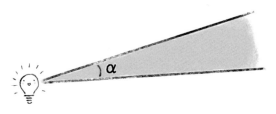

$\dfrac{\text{光の量}}{\alpha}$ で α 方向の

角度 1 度あたりの光の量が求まる

図1.5　方向への光の量（平面のとき）

　ただし、ここでは角度に関してはきちんとした説明を省略しています。光度ではじつは平面で定義される角度ではなく、「立体角」とよばれる角度が使われます。立体角の説明をこの章の最後の節に発展事項として書きましたので、興味あるかたはそちらを参照してください。

1.4 光源のまぶしさをどうあらわす？ ——輝度とは？

輝度（光源の輝き度合い、まぶしさ）

テレビを購入するのに、なるべく明るい画面のテレビが欲しいと思ってカタログを見ても、あまりルーメンやcdという言葉は出てきません。代わりに cd/m^2 という単位が出てきます。先ほどの「cd」と似ていますが少し違います。またまた新しい言葉が出てきました。

じつは、テレビのカタログでは画面の明るさは「光源の輝き度合い（まぶしさ）」をあらわしていて、「輝度」と呼ばれています。例えば $300\ cd/m^2$ のディスプレイは $100\ cd/m^2$ のディスプレイよりも画面が明るく見えます。輝度が大きいほどディスプレイは明るいのです。この節ではこの輝度について学んでいきましょう。

輝度は光源を見る方向への光の量と光源の大きさで決まる

輝度（光源のまぶしさ）は、光源の光の量、すなわち光束（ルーメン）が大きいほど明るいと期待できそうです。でもじつはそんなに単純ではありません。例えばスマートフォンなどのディスプレイを斜めから見てみましょう。すると、正面から見るより暗く見えるはずです。つまり、ディスプレイなどの輝度（光源のまぶしさ）は人間が光源を見る方向によって変わるのです。すると、輝度（光源のまぶしさ）は光源の光の量ではなく、人間が光源を見る方向への光の量、つまり光度（cd）を反映していると考えられます。つまり

輝度（光源のまぶしさ）は、
人間が光源を見る方向への光の量（光度）に比例する

ことがいえるわけです。それでは輝度（光源のまぶしさ）に影響を与える要素は他にないのでしょうか？

あります。それは「光源の大きさ（面積）」です。ある方向に同じ量の光を出していても、光源が小さいとあかるく、光源が大きいと暗くなっていきます。例えば、1000ルーメンのプロジェクターの光源はまぶしく見えますが、これは光が出てくるところが小さいからです。もしも同じ1000ルーメンの光が大きなスクリーンから出ていたら、薄められているのでまぶしいとは感じないでしょう。つまり輝度（光源のまぶしさ）は光源の大きさ（面積）で変わるのです。まとめると、

$$\text{輝度（光源のまぶしさ）} = \frac{\text{人間が光源を見る方向への光の量（光度）}}{\text{光源の面積}}$$

となります。ここで、光度の単位は cd、光源の面積の単位は通常メートル m を使って m^2 であらわされるので、輝度の単位は cd / m^2 となります。また、輝度の単位を cd / m^2 の代わりにニト（nt）と書くこともあります。

照度、光束、光度、輝度の違いを理解しよう

　これでとりあえず、照度、光束、光度、輝度が出揃いました。表1.3 と図1.6 で理解しておきましょう。

表1.3　照度、光束、光度、輝度

名前	単位	おおまかな意味
照度	ルクス	照らされた明るさ
光束	ルーメン	光源の出す光の量
光度	cd（カンデラ）	方向への光の量
輝度	cd/m^2 またはニト	光源の輝き、まぶしさ

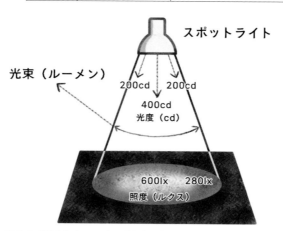

図1.6　「照度」（ルクス）、「光束」（ルーメン）、「光度」（cd）の関係

　図1.6 のスポットライトから出てくる光の総量が光束（ルーメン）です。それぞれの方向に出る光の量を光度（cd）、スポットライトで照らされた明るさを照度（ルクス）といいます。スポットライトのまぶしさが輝度（cd / m^2 またはニト）です[*4]。

＊4　正確な定義は、一般社団法人照明学会編『照明ハンドブック（第3版）』（オーム社）参照。

1.5 【発展】立体角とステラジアン

　さて、図1.5は平面の図ですが、私たちの世界はたて・よこ・高さがある空間です。そして空間のときも、光の量を角度で割ったものが、その方向の光の量をあらわします。1.3節では簡単のために平面の図でカンデラを導入しましたが、カンデラという単位はじつは空間で定義されるものです。

　空間における角度とは何でしょう？　この【発展】では「空間における方向」というものを調べていくので、ちょっと難しくなります。でも心配しないでください。この【発展】の話がわからなくても、ちっとも困りません。なので数学がちょっと苦手という人は読み飛ばしてもかまいません。ただし、もっと明るさについて知ってみたいという人はぜひ読んでみてください。

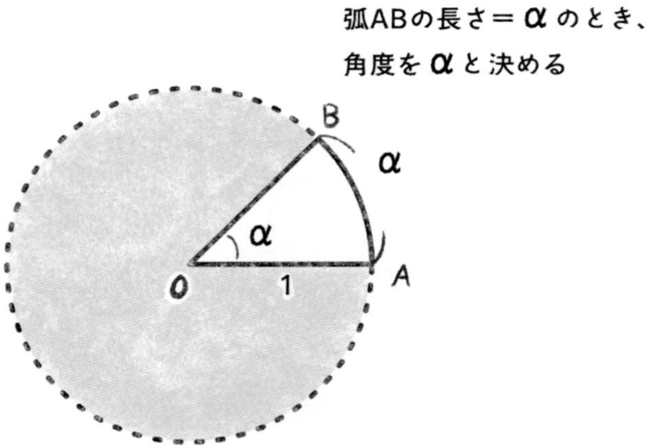

弧ABの長さ＝α のとき、
角度を α と決める

図1.7 半径1の扇形の円弧の長さで角度を決める

　そもそも、平面における1回転は、なぜ360度なのでしょう？　100度でも200度でもいいのではないでしょうか？　空間の角度を考える前に平面の角度をおさらいしておきましょう。

　じつは、1回転が360度なのは歴史的経緯によるものです。1回転を360度とする角度のあらわし方を度数法といいます。度数法では角度を30度、記号を使うと30°などと書きます。

　つまり、角度のあらわし方は決め方次第ということです。そこで、別の決め方も

できます。例えば、1回転の角度を「半径1の円周の長さ」と定義することもできます。このようにして角度を決める方法を弧度法といい、弧度法の角度の単位を「ラジアン」（rad）といいます。ここで円周の長さは直径に円周と直径の比である円周率をかけたものです。円周率は記号で π と書きます。よって半径1（直径2）の円の円周の長さは 2π となるので、1回転の角度は 2π ラジアンとなります。つまり、2π ラジアン $= 360$ 度 ということになります。こう決めてしまうと、弧度法では図1.7の半径1の扇形の円弧の長さが α のとき、角度は α ということになります。例えば、図1.7の α はだいたい45度ですが、この α に対応する円弧の長さは1周の長さ 2π の $\dfrac{1}{8}$ なので $\dfrac{2\pi}{8} = \dfrac{\pi}{4}$ ラジアンです。つまり、45度は $\dfrac{\pi}{4}$ ラジアンになります。

　同じようにして空間の角度も考えることができます。図1.8のように、空間の角度 α は「半径1の球の表面に作る面積が α のとき、立体角を α」と決めてしまいます。平面では長さだったものを面積としたわけです。このようにして定義した角度を「立体角」と呼び、「ステラジアン」という単位を使います。例えば全方向は、半径1の球の表面積が 4π なので、4π ステラジアンとなります。半分の方向は、全方向の半分の 2π ステラジアンです。

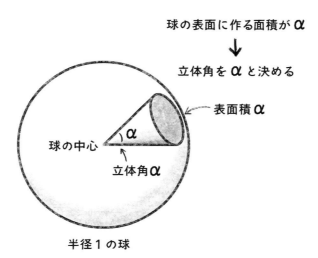

図1.8 半径1の球の表面に作られる面積で立体角を決める

　これで、たて・よこ・高さのある空間における「各方向への光の量」をきちんと計算できるようになりました。「方向への光の量」（光度）は光束を立体角で割ったものです。つまり

● 光度

$$\text{光度} = \frac{\text{光束}}{\text{立体角}} \tag{1.1}$$

となります[*5]。

　この応用例を一つ紹介しましょう。ろうそくのあかりの光度はだいたい1cdです。そして、ろうそくが全方向に1cdの光を出しているとすると、ろうそくから1m離れたところの明るさは、1ルクスとなります。その理由は以下のとおりです。まず、全方向にろうそくが出す光の量（光束）は、全方向は立体角で4πステラジアンなので、光束 $= 1\,\text{cd} \times 4\pi = 4\pi$ より4πルーメンとなります。そしてろうそくから1m離れたところの明るさは、4πルーメンの光が半径1mの球（面積$4\pi\,\text{m}^2$）を照らすと考えると、1.2節のルクスとルーメンの関係式より $\dfrac{4\pi}{4\pi} = 1$ ルクスとなります。

[*5]　正確には，　$\text{光度} = \dfrac{d(\text{光束})}{d(\text{立体角})}$ 。

カメラを知るための数学

　一眼レフデジカメはカメラのレンズを交換できます。カメラのレンズをいろいろ変えると、スマホや小さなデジカメではなかなか撮ることのできない写真を撮影できます。天の川の写真、遠くの被写体を拡大した望遠写真、そして動いているスポーツ選手の写真などは、さまざまなレンズを使い分けることで撮影できるのです。素敵な写真を撮るには、レンズの性質を知ることも大切です。

　この章ではレンズの基本を学んできれいな写真を撮る方法の第一歩を学びましょう。

2.1　レンズの基本

■ F 値と焦点距離

　一眼レフデジカメのレンズを店頭で見てみると、レンズの製品名にこんな記号が含まれているのを目にするはずです。

F2.8　　24 mm

　最初の「F2.8」はF値と呼ばれるものです。カメラのレンズではF値と焦点距離が重要になるので、これらが製品名に明記されていることが多いのです。いい換えると、F値と焦点距離を理解すれば、一眼レフデジカメのレンズについて基本がわかるといえます。そこでまずは焦点距離について学びましょう。図2.1に焦点距離が24 mm、135 mm、800 mmのレンズをのせました。ただし、実際のレンズの大きさは24 mm、135 mm、800 mmの順に大きくなっています。一般に焦点距離が大きくなるほどレンズは長くなる傾向があります。

図2.1　左から焦点距離24 mm、135 mm、800 mmのレンズ（出典元：Canon Inc.）

レンズの基本的な性質

光はレンズを通るとき、次のような道筋を通ります（図2.2）。

1. レンズに平行に入った光はある1点に集まる。レンズからその点までの距離が焦点距離。
2. レンズの中心を通る光はまっすぐ進む。

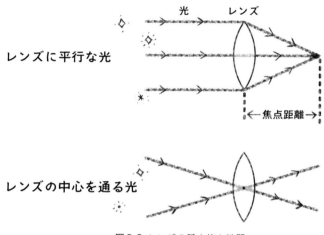

図2.2 レンズの基本的な性質

　レンズの基本的な性質はこの二つだけです。これだけ納得すれば、あとで説明するF値や画角などいろいろなことを理解できるようになります。

⊡ レンズと像

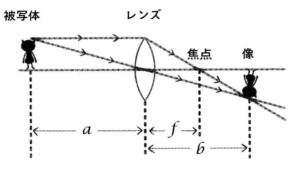

図2.3 レンズが作る像の作図

　それでは、レンズの基本的な性質に慣れるために、実際に光の道筋を作図してみ
ましょう。レンズの焦点距離を f、撮影する被写体までの距離を a とします。こ
のとき、レンズを通った光はあるところで像を結びます。レンズからこの像までの
距離を b として、距離 b を作図により求めてみましょう。

　まず、図2.3のとおり被写体からレンズに平行に入った光は焦点を通ります。一
方で被写体からレンズの中心に入った光はまっすぐ進みます。この二つの光が交わっ
たところが像を結ぶところです。そして二つの光が交わったところからレンズまで
の距離が b になります。

参考　　なお、a、b、f は次の式を満たすことがわかっています。

● レンズの式

$$\frac{1}{a} + \frac{1}{b} = \frac{1}{f} \tag{2.1}$$

2.2 望遠写真や広角写真を撮影するためのレンズは？ — 焦点距離と画角の関係

⊡ 画角と写真の写る範囲

　まず、図2.4の右の富士山と太陽が写った写真と、富士山の山頂だけが写った写真を見てみましょう。この二つの写真は「写真の写る範囲」という言葉で説明すると、富士山と太陽が写った写真は広い範囲が写り、富士山の山頂だけが写った写真は狭い範囲が写った写真となります。

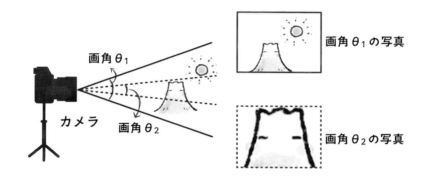

図2.4　画角 θ が大きいときは広い範囲が写り、画角 θ が小さくなるにつれ狭い範囲が写る

　この写真の写る範囲はこれから説明する「画角」という言葉を使ってしばしばいいあらわされます。画角とは写真の写る範囲を角度であらわしたものです。図2.4では二つの画角 θ_1、θ_2 とそれに対応する写真が描かれています。画角 θ_1 が大きい（実線）と富士山および太陽が写っていますが、画角 θ_2 が小さい（破線）と富士山の頂上付近しか写っていません。つまり、

カメラから見て、画角が大きいときは広い範囲が写り、

画角が小さくなるにつれて、より狭い範囲が写り拡大しているような写真になる

のです。逆に、広い範囲が写っていればそれは画角が大きく、狭い範囲が写っていれば画角が小さいことを意味します。

焦点距離と画角の関係

　この画角は先ほど学んだ焦点距離と関係していることが知られています。先ほどのレンズの中心を通る光はまっすぐ進む性質を使うと、カメラとレンズにおいて画角と焦点距離の関係は図2.5のイラストのようになります。このとき、デジタルカメラはレンズから入ってきた光を撮影素子（イメージセンサー）と呼ばれる部分で感じとります。レンズの中心から撮影素子までの距離が焦点距離です。また、図2.5にはカメラの焦点距離を変えると、どんな写真が撮れるかが示されています。ただし、使用したカメラは後で説明する 35 mm フルサイズと呼ばれるカメラです。

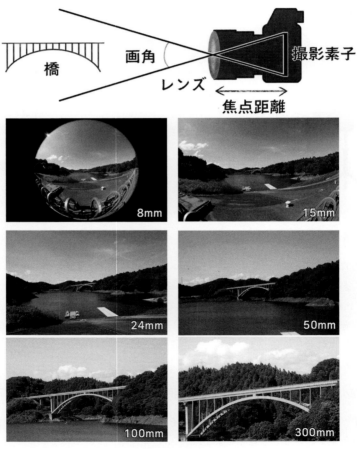

図2.5 35 mm フルサイズデジカメにおける焦点距離と画角の例。魚眼レンズ、広角レンズ、望遠レンズの違いも理解しましょう。

　図2.5を見ると、焦点距離の数字が8 mmから300 mmと大きくなるにつれて、写真は徐々に広い範囲から狭い範囲の写真に変化していることがわかります。これは図2.4の画角の言葉でいうと、写真は徐々に大きな画角から小さな画角に変化していることになります。つまり、

焦点距離の数字が大きくなるにつれて画角は小さくなっている

のです。ここで特に、左上の写真は焦点距離が8 mmですがこのとき画角は180度となります。画角180度のレンズは撮影された画像が円形なので、円周魚眼レンズなどと呼ばれます。

　さて、写真撮影の場合、しばしば焦点距離50 mmぐらいのレンズを標準レンズといいます。50 mmよりも焦点距離の数字がずっと大きい、例えば100 mmや300 mmのレンズを望遠レンズなどといいます。逆に50 mmよりも焦点距離の数字がずっと小さい24 mmのレンズなどは広い範囲を撮影でき、広角レンズなどといわれます。さらに焦点距離の数字が小さい8 mm、15 mmの場合、画角が非常に大きいため画像が歪んで見えるので、魚眼レンズなどということが多いです。このように同じ風景でも焦点距離を変えると画角が変わるため、写真の印象が大きく変わります。

焦点距離を変えると画角が変わる理由

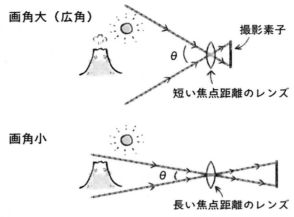

図2.6　焦点距離と画角

　次に、焦点距離を変えると画角が変わる理由を説明しましょう。

　図2.6には、撮影素子、レンズ、被写体（富士山、太陽）を示しています。レンズの中心から撮影素子までの長さが焦点距離です。レンズの中心を通った光はまっすぐ進みます。カメラの撮影素子の大きさは同じです。そのため、図2.6の上図をみると明らかなように、焦点距離の数字が小さいレンズを使うと画角 θ が大きくなります。一方、図2.6の下図を見ると、焦点距離の数字が大きいレンズを使うと画角 θ が小さくなることもわかります。これが、焦点距離が画角をあらわす指標として使われる理由です。

2.3 同じレンズでもカメラによって画角が変わる？──撮影素子のサイズ

代表的な撮影素子サイズ

さて、次の話に進む前に撮影素子サイズ（大きさ）についても学んでおきましょう。撮影素子サイズにはいくつかの種類があります。例えば35 mmフルサイズ、APS-C、マイクロフォーサーズなどです。

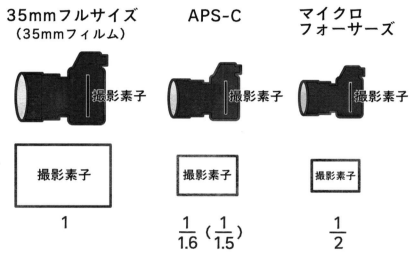

図2.7 撮影素子サイズの代表的な種類

35 mmフィルムカメラと同じ撮影素子サイズのイメージセンサーを持つカメラを35 mmフルサイズまたは単にフルサイズといいます。35 mmフルサイズの撮影素子サイズを1とすると、マイクロフォーサーズ[*1]の撮影素子サイズはフルサイズの半分、すなわち $\frac{1}{2}$ になります。APS-Cと呼ばれるカメラはフルサイズの撮影素子サイズの $\frac{1}{1.6}$ または $\frac{1}{1.5}$ のものなどがあります[*2]。他にもAPS-H（フルサイズの $\frac{1}{1.3}$ 倍）などいろいろなサイズがあります。ちなみに、撮影素子サイズ

---

*1　パナソニックなど

*2　キヤノンやニコンなど

が小さくなると、図2.7のようにカメラ本体も小さくなる傾向があります。一眼レフカメラを持っている人は、自分の一眼レフカメラの撮影素子サイズを確認しておくとよいでしょう。

🔘 同じレンズ（焦点距離）でもカメラによって画角が変わる？

　焦点距離によって画角が変わることを先ほど学びましたが、じつは同じ焦点距離のレンズを使っても、撮影素子サイズによって画角は変わってしまうことが知られています。例えば同じ焦点距離では35 mmフルサイズのカメラよりも、撮影素子サイズが小さいAPS-Cやマイクロフォーサーズのカメラの方が画角は小さくなることが知られています。

　例えば、35 mmフルサイズカメラでは180度円周魚眼の写真は図2.5のとおり焦点距離8 mmで撮影できます。しかし8 mmのレンズを使ってAPS-Cのカメラで撮影すると画角は小さくなり180度円周魚眼になりません。

　どうしてこんなことが起こるのでしょう？

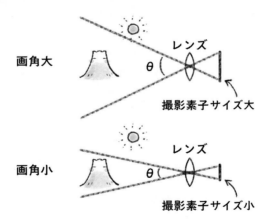

図2.8 同じ焦点距離のレンズにおける撮影素子サイズと画角

　図2.8を見てください。レンズの中心から撮影素子サイズまでの距離が焦点距離です。ここでレンズの中心を通る光はまっすぐ進むという性質を使って画角 θ を求めてみます。すると、図2.8より、同じ焦点距離のレンズを使っても撮影素子サイズが小さくなれば画角 θ も小さくなるとわかります。撮影素子サイズが小さい場合に撮影素子サイズが大きい場合の画角と同じにしようとすれば、焦点距離をさらに短くする必要があります。

基準は35 mmフルサイズ

　撮影素子サイズが異なると画角が異なるならば、例えば単に「焦点距離50 mm
の画角」といっても何の画角かわかりません。これでは困るので、一般に35 mm
フルサイズの場合の焦点距離と画角を基準とすることが多いです。35 mmフルサ
イズの焦点距離と画角の例は図2.5にあります。

　それでは次に、35 mmフルサイズ以外の撮影素子サイズの場合の画角を考えましょ
う。じつは35 mmフルサイズの場合と簡単な関係があることが知られています。

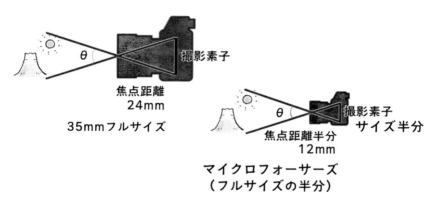

図2.9　35 mmフルサイズ換算

　いま、図2.9の左図には撮影素子サイズが35 mmフルサイズで24 mmの焦点距
離の画角 θ が描かれています。この図を単純に半分に縮小すると、画角 θ は変わ
りませんが撮影素子サイズと焦点距離の数字は半分（12 mm）になることがわか
ります。つまり、撮影素子サイズが小さくなった分だけ、焦点距離の数字も小さく
なるのです。撮影素子サイズが35 mmフルサイズの半分である例はマイクロフォー
サーズです。そこで、「マイクロフォーサーズの焦点距離12 mmの画角は35 mm
フルサイズ換算すると2倍して焦点距離24 mmに等しい」などといいます。この
ように、あるカメラのある焦点距離で得られた画角を35 mmフルサイズの場合の
焦点距離に換算することを35 mmフルサイズ換算などといいます。

● **確認してみよう1**

　APS-Cカメラ（撮影素子サイズはフルサイズの $\dfrac{1}{1.6}$ 倍とする）で焦点距離

100 mmで得られる画角は35 mmフルサイズ換算すると焦点距離何mmの画角
に相当するか？

　答え：　$100\,\text{mm} \times 1.6 = 160\,\text{mm}$ の画角に相当する。

● **確認してみよう2**

　35 mmフルサイズの撮影素子サイズの $\dfrac{1}{a}$ 倍のカメラで焦点距離100 mmで得

られる画角は35 mmフルサイズ換算すると焦点距離何mmの画角に相当するか？

　答え：　$100a\,〔\text{mm}〕$ の画角に相当する。

2.4 F値 ―― レンズの明るさ

F値とは？

図2.10 焦点距離の数字が大きく、F値が小さいレンズの例（Canon EF300 mm F2.8L IS II USM）
（出典元：Canon Inc.）

　スポーツの試合で、カメラマンが図2.10のようなとても大きなレンズを使って写真を撮っているのを目にしたことはないでしょうか。どうしてあんなに大きなレンズを使っているのか不思議に思ったことのある人も少なくないはずです。彼らはたいてい、「焦点距離の数字が大きく、F値が小さいレンズ」を使っています。前節で扱ったように、焦点距離の数字が大きいのは画角を小さくして遠くからスポーツ選手を大きく撮影するためです。

　それではF値とは何でしょうか？　F値はしばしば「レンズの明るさ」をあらわしています。F値が小さいほど明るく、F値が大きいほど暗いレンズといわれます。

　ここで「レンズの明るさ」とは具体的には「レンズがどれだけ光を集めるか」のことです。図2.11にF値の大まかなイメージをのせました。図2.11にあるようにF値が小さなレンズはたくさん光を集めることができる「明るいレンズ」であり、F値が大きなレンズは少しの光しか集められない「暗いレンズ」であることが知られています。

　動いているサッカー選手はぶれやすいので、露出時間[*3]を短くしなければなりません。ここで露出時間とは撮影素子やフィルムに光を当てる時間で、露出時間を短くするとカメラに取り込める光の量が少なくなってしまい、暗い写真になります。

[*3]　シャッタースピードともいう。

　そこで、スポーツ写真の撮影で短い露出時間でもたくさん光を取り込むにはF値の小さな「明るいレンズ」が必要になるのです。

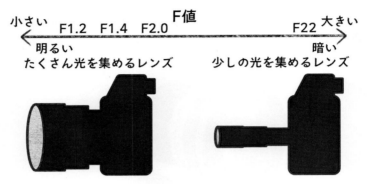

図2.11　F値のイメージ

　また、星座などの天体写真を撮るときにもたくさん光を集めなくてはなりませんから、F値の小さなレンズがあると便利です。
　以上で大まかなF値のイメージがつかめたと思いますので、F値をより詳しく学ぶためにF値の定義式を見てみましょう。F値は次の式であらわされます。

● F値

$$F = \frac{焦点距離}{レンズの口径} \tag{2.2}$$

　式（2.2）によると、F値はレンズの口径と焦点距離で決まります。では次に、どうしてレンズの口径や焦点距離でレンズの明るさが変わるのか調べてみましょう。

▣ レンズの口径と明るさ

まず、レンズの口径と明るさの関係を調べましょう。

たくさん光を取り込むにはどうすればいいでしょうか？　いちばんはじめに思いつくのはレンズの口径を大きくすることです。図2.12を見れば明らかなように、一般にレンズの口径が大きければたくさん光を取り込むことができます。

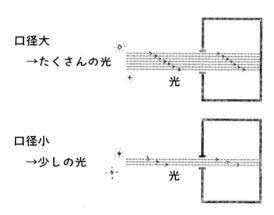

図2.12 レンズの口径（サイズ）と取り込む光の量

F値を求める式（2.2）によれば、レンズの口径が2倍、3倍になって光をたくさん取り込む明るいレンズであるほど、F値は $\frac{1}{2}$ 倍、$\frac{1}{3}$ 倍と小さくなります。これで確かに光をたくさん取り込む明るいレンズであるほどF値が小さくなることがわかりました。

● **確認してみよう**

レンズの口径を $\frac{1}{2}$ 倍するとF値は何倍になるか？　式（2.2）を見て考えましょう。

答え：式（2.2）より2倍

📄 絞り1段とは?

F値を小さくするほど光をたくさん取り込むことがわかりましたが、F値を変えるとどれくらい光の量が変わるかが具体的にわからないとあまり実用性がありません。じつは

F値が2倍になると、取り込む光の量は $\dfrac{1}{4}$ 倍になる

ということが知られています。例えばF値を2から4にすると、取り込む光の量は（ $\dfrac{1}{2}$ 倍でなく） $\dfrac{1}{4}$ 倍になるのです。この理由をこれから説明しましょう。先ほどの「確認してみよう」で確認したように、式（2.2）から、レンズの口径を $\dfrac{1}{2}$ 倍にするとF値は2倍になります。

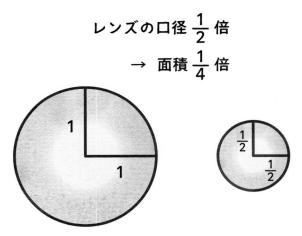

図2.13 レンズの口径（サイズ）とレンズの面積

一方、レンズの口径を $\dfrac{1}{2}$ 倍すると、図2.13よりレンズの面積はたて方向、よこ方向それぞれ $\dfrac{1}{2}$ 倍して $\dfrac{1}{4}$ 倍になるのでレンズに入る光の量も $\dfrac{1}{4}$ 倍になります。よって、（レンズの口径を $\dfrac{1}{2}$ 倍して）F値が2倍になると、取り込む光の量は（ $\dfrac{1}{2}$ 倍でなく） $\dfrac{1}{4}$ 倍になることが示されました。以上を一般化すると、F値が a 倍に

なると口径は $\dfrac{1}{a}$ 倍になり取り込む光の量は2乗して $\dfrac{1}{a^2}$ 倍になります。

さて、取り込む光の量を $\dfrac{1}{4}$ 倍にするにはF値を2倍にすればいいわけですが、取り込む光の量を $\dfrac{1}{2}$ 倍するにはF値を何倍にすればいいでしょう?

それはF値を $\sqrt{2}$（約1.4）倍すれば取り込む光の量は $\dfrac{1}{\sqrt{2}}$ を2乗して $\dfrac{1}{(\sqrt{2})^2} = \dfrac{1}{2}$ 倍になります。写真の世界では $\sqrt{2}$ を1.4と近似して

$$\textbf{F値が約1.4倍になると、取り込む光の量は } \dfrac{1}{2} \textbf{ 倍になる}$$

とすることがしばしばあります。このことは写真で取り込む光の量を見積もるときに重要なので、よく理解しておきましょう。表2.1ではF値が1の場合の取り込む光の量を1とした場合のF値と光の量の比をのせました。表2.1では右にいくにつれてF値は1.4倍（正確には $\sqrt{2}$ 倍）ずつ大きくなり、レンズが取り込む光の量は $\dfrac{1}{2}$ 倍ずつ小さくなっています。

表2.1 絞り1段：F値と明るさ（取り込む光の量の比）

F値	1	1.4	2	2.8	4	5.6	8	11	16
レンズ口径比	1	$\frac{1}{1.4}$	$\frac{1}{2}$	$\frac{1}{2.8}$	$\frac{1}{4}$	$\frac{1}{5.6}$	$\frac{1}{8}$	$\frac{1}{11}$	$\frac{1}{16}$
光の量の比	1	$\frac{1}{2}$	$\frac{1}{4}$	$\frac{1}{8}$	$\frac{1}{16}$	$\frac{1}{32}$	$\frac{1}{64}$	$\frac{1}{128}$	$\frac{1}{256}$

　レンズが取り込む光の量を半分もしくは2倍にすることを、「絞りを1段変える」といいます。例えばF値を2から2.8にすると絞りが1段変わり、取り込む光の量は半分になるという具合です。

● **確認してみよう**

　デジカメでF値を4として写真を撮影したところ、暗い写真になってしまったので、取り込む光の量を2倍多くしたい。表2.1を見てF値をいくつにすればよいか答えましょう。

　答え：表2.1より F = 2.8

⬛ 焦点距離と明るさ

　レンズの口径と明るさの関係は説明したので、今度は焦点距離と明るさの関係を調べましょう。式（2.2）からは、焦点距離の数字が小さくなるとF値が小さくなる、つまり明るいレンズになるということがわかります。なぜ焦点距離の数字が小さくなると明るいレンズになるのでしょう？

　そのヒントは画角にあります。焦点距離の数字が小さいと画角が広く、焦点距離の数字が大きいと画角が狭くなることを思い出してください。画角の説明に使った図2.6を見てみましょう。図2.6をよく見ると、焦点距離が短いと画角が広くなり、その結果として広範囲の光、つまりたくさんの光を取り込めることがわかります。この結果、焦点距離の数字が小さいと光をたくさん取り込めてF値が小さくなる、つまり明るいレンズになるのです。

　逆に焦点距離の数字が大きいと、図2.6のように画角が狭くなるので狭い範囲の光しか取り込めず、取り込める光が少なくなってレンズは暗くなってしまいます。

　このように、焦点距離によって画角が変わり、結果として取り込む光の量が変わるわけです。

⬛【発展】F値と明るさのより詳しい説明

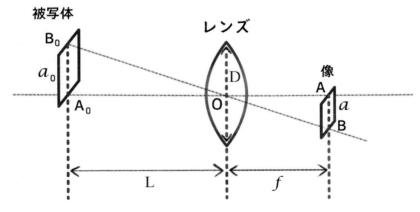

図2.14 焦点距離 f、口径Dのレンズを用いたときの像の明るさ

　以上のF値の説明は直感的でしたが、ここではF値とレンズの口径、焦点距離の関係をきちんと数式で証明してみます。ただしここは【発展】なので、数式が得意な人だけがんばって読んでみてください。

　いま、レンズから L の距離にある被写体（1辺 a_0 の正方形）がレンズ右側の焦点距離 f で像を作り、その像の1辺が a であったとします。レンズの口径を D とします。像の明るさは被写体からレンズに入る光の量に比例するので、まずレンズに入る光の量を調べましょう。レンズに入る光の量は被写体の面積 $a_0{}^2$ に比例し、被写体からレンズまでの距離 L の2乗に反比例し、レンズの面積（比例定数 $\times$ D^2）に比例します。つまり、レンズに入る光の量は

$$\frac{a_0{}^2 D^2}{L^2} \tag{2.3}$$

に比例します。ここで、図2.14において三角形 $A_0 B_0 O$ と三角形 ABO は相似なので

$$\frac{a_0}{L} = \frac{a}{f} \tag{2.4}$$

の関係が成立するから、これを式（2.3）に代入すると、レンズに入る光の量は

$$\frac{a_0{}^2 D^2}{L^2} = \frac{a^2 D^2}{f^2} \tag{2.5}$$

に比例します。さらに、像の明るさはレンズに入る光の量に比例することに加えて像の面積 a^2 に反比例するので、結局像の明るさは式（2.5）を a^2 で割って

$$\frac{a^2 D^2}{f^2} \times \frac{1}{a^2} = \frac{D^2}{f^2} = \frac{1}{F^2} \tag{2.6}$$

に比例します。つまり、F値が小さいほど式（2.6）の像の明るさの値は大きくなる、つまり像は明るくなります。

　以上から、像の明るさはF値（$F = \dfrac{f}{D} = \dfrac{\text{焦点距離}}{\text{レンズの口径}}$）が小さいほど明るくなることが示されました。

2.5 【発展】撮りたい画角の焦点距離を求めてみよう！──三角関数

三角比の基本

　ここまでは焦点距離と画角などを説明してきましたが、例えば「画角90度の写真を撮りたいのだけど、焦点距離いくつのレンズを使えばいいの？」という問いにはまだ答えられません。具体的に計算するにはもう少し数学が必要です。そこで、数学好きの人向けに【発展】として三角比を使ってこの問いに答えてみましょう。数学が嫌いな人はここを読み飛ばしても大丈夫です。

　数学的準備として、ここで三角比を紹介します。カメラを学ぶのに使う三角比は難しいものではなく、おそらく中学生にも理解できるとっても簡単なものなので安心してください。三角比というのは、単に

ある形を大きくしたり小さくしたりしても辺の比は変わらない

ということに注目しているだけなのです。

　正三角形や正方形は、大きくしても小さくしても、やっぱりすべての辺の長さの比が同じです。たてとよこの比が $1:2$ の長方形を拡大しても、やっぱりたてとよこの比は $1:2$ です。直角三角形の場合も、例えば図2.15の角度 A が45度の三角形は、拡大しようと縮小しようと たて：よこ＝$1:1$ です。そして直角三角形の辺の比に注目したのが三角比なのです。

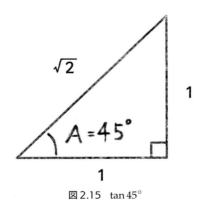

図2.15　tan 45°

三角比にもいろいろあるのですが、直角三角形のよことたての比に注目したのがタンジェント（tan と書きます）です。直角三角形のよことたての比は、図2.15のよことななめの間の角度 A に応じて変わります。そこで、直角三角形のよことななめの間の角度 A に注目して、次のようにタンジェントを定義します。

$$\tan A = \frac{\text{たての長さ}}{\text{よこの長さ}} \tag{2.7}$$

こうすると、図2.15より $\tan 45° = \dfrac{\text{たての長さ}}{\text{よこの長さ}}$ は、三角形の大きさが変わっても1になります。つまり $\tan 45° = 1$ となるわけです。

📩 三角比を使って画角から焦点距離を求めてみよう！

三角比を使うと、画角から焦点距離を求めることができます。

「画角90度の写真を撮りたいのだけど、
焦点距離いくつのレンズを使えばいいの？」

というときに、電卓を使って自分で計算できるようにしましょう。ただし、35 mm フルサイズを基準とします。図2.16を見てください。

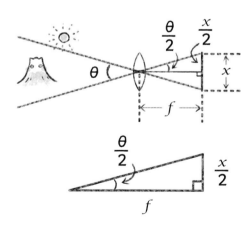

図2.16　画角 θ、焦点距離 f、撮影素子サイズ x の関係

　撮影素子とレンズの中心を結ぶ三角形を半分にすると、直角三角形が見つかります。直角三角形の左の角度は画角 θ の半分の $\dfrac{\theta}{2}$、よこの長さは焦点距離 f、たての長さは撮影素子（フィルム）の半分の大きさなので $\dfrac{x}{2}$ です。

　この三角形にタンジェントを使うと、$\tan\dfrac{\theta}{2} = \dfrac{\dfrac{x}{2}}{f} = \dfrac{x}{2f}$ となります。これが画角 θ、焦点距離 f、撮影素子サイズ x の関係をあらわす公式です。

● 画角 θ、焦点距離 f、撮影素子サイズ x の関係

$$\tan\frac{\theta}{2} = \frac{x}{2f} \quad \left(\tan\frac{画角}{2} = \frac{撮影素子サイズ}{2 \times 焦点距離}\right) \quad (2.8)$$

　$\tan\dfrac{\theta}{2}$ の値は、タンジェントが計算できる電卓を使って計算できます。例えば Windows に付属の関数電卓でタンジェントを計算することができます。

　この公式で、自分が撮りたい画角に必要な焦点距離を求めてみましょう。いくつかの画角について焦点距離を計算した値を表2.2にまとめておきます。撮影素子の大きさは $x = 36\,\mathrm{mm}$（35 mm 判フィルムカメラの水平方向のフィルムの大きさ）にしてあります。

表 2.2　焦点距離と画角（$x = 36\,\mathrm{mm}$）

画角〔度〕	$\dfrac{x}{2f}$	焦点距離 f〔mm〕
5	0.044	412
10	0.087	206
20	0.176	102
40	0.364	49
60	0.577	31
90	1	18

サイン、コサイン

　タンジェント以外の三角比として、サイン（sin）やコサイン（cos）があります。それぞれ、図2.17の直角三角形の以下のような比であらわされます。

$$\sin A = \frac{たての長さ}{斜辺の長さ} \tag{2.9}$$

$$\cos A = \frac{よこの長さ}{斜辺の長さ} \tag{2.10}$$

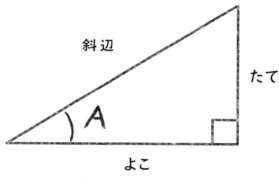

図2.17　サインとコサイン

第 3 章

光と音を知るための数学

　光はこれまで学んだ「明るさ」に加え、虹のような鮮やかな色彩があります。この美しい虹は私たちに光のいろいろな性質を教えてくれます。虹を理解するために、「光は波でできている」ということを紹介します。光は海の波や地震の波と同じような波でできているのです。さらにいうと音も波でできています。「波」から光や音のいろいろな性質を学びましょう。

3.1 『白』ってなんだろう?

虹は何色ある?

　先日、グアム島で美しい虹を見ました。美しい海で波に揺られながら見る鮮やかな虹はまたとてもすばらしいものです。そしてじつは、虹は美しいだけではなく、私たちに光や色彩のことをいろいろ教えてくれるのです。

　まず皆さんは虹にはどんな色があるか知っているでしょうか?　『岩波　理化学辞典 (第5版)』(岩波書店) では虹の色の種類は赤、橙、黄、緑、青、藍、紫の7色としています。

　ただし、虹はきっちり7色に分かれているわけでなく、口絵の図1のように連続的に色がだんだん変わっているだけです。ですから虹の色の種類は厳密には無限種類あることになります。そのため、文献や国などにより虹の色の種類は異なることがあります。例えば『理科年表2020』(丸善出版) では虹の色を藍色を除いた6色としています。本書では以下、虹を7色として扱っていきます。

白ってなんだろう?

　さて、虹の話をしましたが、「白色」という色は虹の中にありません。それでは

白ってなんだろう?

と聞かれたら皆さんは何と答えるでしょうか?　白という色は、じつは赤や黄などの虹の色とは全く性質の異なる色なのです。

　白のひみつを解き明かすために、まず太陽の白い光を考えましょう。この白い光を三角柱のガラスもしくは水 (これをプリズムという) に通すとどうなるでしょうか?　うまく角度を調節してやると、図3.1のようにきれいな虹ができることがわかります。

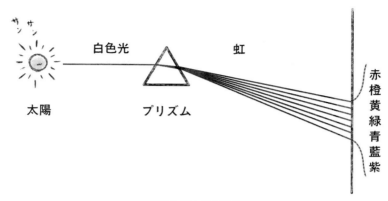

図3.1　白と虹の関係

　これは当たり前とおもうかもしれませんが、図3.1は「白」のひみつを解き明かしてくれます。図3.1のように白色光がプリズムを通って虹の7色ができたことから、じつは白い光から虹のいろいろな色彩ができるわけです。つまり

きれいな虹は白色光からうまれる

のです。これを逆に考えてみます。図3.1を右から左にたどってみましょう。すると、きれいな虹の光をあわせると白色光ができるということがわかります。つまり、

白色光は虹の7色の光を混ぜるとうまれる

と結論付けることができます。
　これで「白」のひみつがわかりました。「白」とは赤や青と異なり、いろいろな虹の色の光が混じったごちゃ混ぜの光の色ということになるわけです。

3.2 いろいろな波と波の基本的性質

赤や紫ってそもそも何?

　　白色光が虹の7色の光を混ぜ合わせるとできることがわかりました。それでは、例えば虹の色の赤や紫とはそもそも一体何なのでしょう?　今回はこんな疑問から色彩のひみつを学んでいきましょう。

　　光は「波」と考えることができることが知られています。光を波として考えると、赤や紫といったいろいろな色彩をすっきり理解できてしまうのです。この後詳しく説明しますが、じつは「光の波の形」によって光は赤になったり紫になったりするのです。

　　そこで、「波」をまず理解していきましょう。波とは図3.2のような海にある波とか池に石をポチャンと落としたときにできるあの波です。地震の波やサッカー場の観客のウェーブも波の一種です。このように波とは何かがゆらゆら振動している現象と考えられます。

図3.2　波の例:葛飾北斎　富嶽三十六景　神奈川沖浪裏

波長と振幅

　海の波は私たちの身近にありますが、結構複雑な形をしていて扱いにくいので、簡単な扱いやすい波を考えましょう。図3.3の左に基本的な波をのせました。

　波には基本的な要素があります。一つは「波の長さ」、つまり波長です。図3.3の右上の波は波長が短く、右下の波は波長が長いということがわかると思います。さらに波の大きさをあらわす振幅があります。振幅が大きければ当然大きな波ということになります。波長（と振幅）を理解しておくと光の波の最低限のことはわかってしまいます。

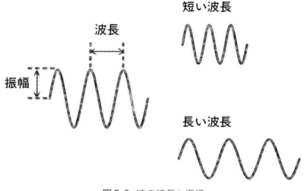

図3.3　波の波長と振幅

3.3 # 光の波

📋 波長の違いが色の違いをうみ出す

　以上で虹と波を結びつける準備ができました。虹の光は、じつは波長の長さの順番に並んでいることが知られています。具体的には最も波長が長い光が赤、そして橙、黄、緑、青、藍、そして最も波長が短い光が紫です。光の波長の違いによって、いろいろな色彩がうまれるのです。つまり、「光の鮮やかな色彩は光の波長がうみ出す」といっていいでしょう。

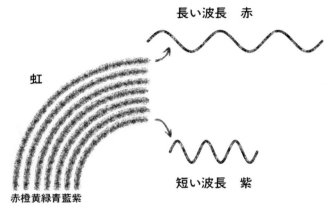

図3.4　虹の光は波長の長さの順に並んでいる。赤→紫になるに従い、波長は短くなる

📋 見えない光も光

　ここでクイズです。じつは紫の（波長が短い方の）隣にも光があります。しかし、それは私たちの目には見えません。なんという光でしょう（ヒント：晴れた日の海辺や、太陽がさんさんと照りつける日は要注意です）？

　答えは「紫外線」です。紫の外にある光です。紫外線も光の一種で、実際には虹の紫の横にあるにもかかわらず、単に目に見えないだけなのです。

　それではもう一つ。じつは赤の（波長が長い方の）隣にも光があります。何という光でしょう？　今度は簡単ですね。そうです。赤外線です。赤の外にある光が「赤外線」。このように目に見えていなくても、虹の外側には赤外線と紫外線があるのです。

🔊 電波もX線も光

　紫外線や赤外線よりもさらに波長の短い光や長い光も紹介しましょう。図3.5に
いろいろな波長の光をのせました。

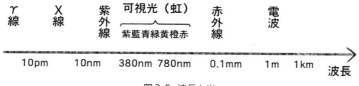

図3.5　波長と光

　まずはじめに紫外線をさらに波長を短くしていくとどうなるでしょうか？　紫外
線より波長が短くなると、レントゲン写真で使われるX線が現れます。紫外線は多
少浴びても日焼けする程度ですが、X線はあまり浴びると被ばくして体に良くあり
ません。さらに波長が短くなると γ 線になります。 γ 線は原発事故などのときに
出てくる体に良くない光です。

　今度は逆に赤外線よりも波長を長くしてみます[*1]。すると、テレビや携帯電話に
使われる電波と呼ばれる光が現れます。電波も光の一種で単に波長をすごく長くし
た光だったんですね。

　人間の目に見える光（虹）の波長の長さは380 nm～780 nm（ナノメートル）
となります。1 nmとは10億分の1 mです。このように人間の目に見える光の波長
はとても短いことがわかります。一方、電波は波長がとても長いです。図3.5によ
ると波長1 kmの電波なんていうのもあるのですね。

[*1]　赤外線と電波の境界は『理科年表 2020』（丸善出版）では 0.1 mm、『岩波　理化学辞典（第
5 版）』（岩波書店）では 1 mm 程度としている。『物理学辞典』（培風館）では使う人によ
り異なり確定したものではないとある。また、X 線と γ 線の違いは厳密には波長の違いで
はなく、発生の仕方の違いである。もっと詳しく知りたい人は理科年表などを参照すると
よい。

3.4　音の波

音の波は空気の振動

　こんどは音についても学びましょう。音も波です。音波といいます。私たちは普段、音を空気の振動として耳で聞き取っています。最もわかりやすいのは太鼓でしょう。太鼓を勢いよく叩くと図3.6のとおり空気が振動し、それが人間の耳に伝わり音として聞こえるのです。

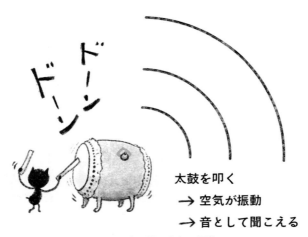

ドーン
ドーン

太鼓を叩く
→ 空気が振動
→ 音として聞こえる

図3.6　音の波は空気の振動

　光の波長が変わると色が変わったように、音も波長が変わると音の性質が変わります。しかし音の場合、波長よりも「振動数」という言葉がよく使われます。そこでまずは波の振動数について説明しましょう。

振動数

　振動数とは文字どおり振動する数のことです。周波数ともいいます。振動数も周波数もどちらも英語ではfrequencyです。振動数といった言葉は聞いたことがなくても、その単位であるヘルツ（Hz）には聞き覚えがあるのではないでしょうか。1秒に30回振動するなら30 Hzの音、100回振動するなら100 Hzの音となります。

振動数と波長

　波の振動数は波長とある関係があることが知られています。いま、図3.7のように右の猫はロープの端を持ったまま動かず、左の猫はロープの端の位置をなるべく動かさないようにロープを振動させます。このとき、ロープが作る波の波長を見ると、上図と比べて下図は半分の波長になっています。さて、図3.7を見たとき上と下どちらがロープを速く振動させているでしょう？

ゆっくり振動　長い波長

速く振動　短い波長

図3.7　波長と振動数の関係

　図3.7にも答えが書いてありますが、おそらく直感的に速く振動させる（振動数大）と波長が短くなり、ゆっくり振動させる（振動数小）と波長が長くなるということがわかると思います。

　ここから、速く振動する振動数の大きい波は小さな波長の波、ゆっくり振動する振動数の小さな波は大きな波長の波ということになります。このように波長と振動数は深く結びついているのです。

　さらにいうと、証明抜きですが、波長と振動数をかけたものは波の速さになることがわかっています。つまり、

$$波長 \times 振動数 = 波の速さ \tag{3.1}$$

となるのです[*2]。

[*2] 　証明は高校物理の教科書などに書いてあります。教科書がない場合は Paul G. Hewitt, Leslie A. Hewitt, John Suchocki 著／小出昭一郎 監修／黒星瑩一 訳『流体と音波（物理科学のコンセプト 3)』（共立出版）などを参照してください。

よって振動数がわかれば波長は式（3.1）より 波長 $= \dfrac{\text{波の速さ}}{\text{振動数}}$ と求まるので、振動数から波長を計算することができます。本書では光の波の場合は波長を使いますが、音の波の場合はしばしば振動数を使うので、本書も音の波の場合は振動数を使います[*3]。

🔊 音の高低と振動数

さて、それでは振動数によって音はどのように変わるのでしょうか？

いま、図3.8のようにギターの弦で音を出してみます。ギターの弦をだんだん短くしていくとどうなるでしょうか？　ギターを弾いたことのあるひとはすでに知っていると思いますが、「弦を短くすると高い音」になります。

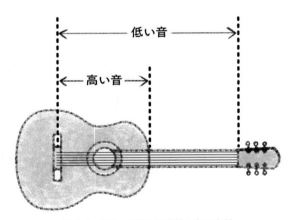

図3.8 ギターの弦と振動数と音の高低

それではこのとき、高い音の振動数はどうなるでしょうか？

弦を短くすると波長が短くなるので、図3.7のように弦の振動数も大きくなります。弦の振動により空気も振動しますから、空気の振動数つまり音の波の振動数も一緒に大きくなります。つまり、

振動数が大きい音は高い音

ということがわかります。逆に「振動数が小さい音は低い音」となります。つまり

[*3]　空気の波長を耳が感じるのでなく、空気の振動を耳が感じるので音の場合は振動数が好ましい。

音の場合、振動数の違いは音の高低をあらわすのです。

　人間には聞こえる音の範囲といったものがあります。大体 20 Hz 〜 20000 Hz くらいの音が人間に聞こえる音となります。音速（音波の速さ）を仮に 340 m/ 秒とすると、式（3.1）より 1.7 cm 〜 17 m の波長の音が人間に聞こえる音ということになります。3.3 節に出てきた可視光の波長 380 nm 〜 780 nm と比べると断然大きいですね。

音の波の形

　音の波はどんな形をしているのでしょう。ギターなどのチューニングに使われる「おんさ」を鳴らすと、その音は図 3.9 のような単純な波の形になっています。

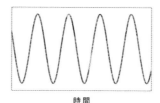

時間

図 3.9　おんさの音の波

　標準的なおんさは 440 Hz の音だけを出すように作られているので、このようなきれいな形の波になります。一般の音にはもっとさまざまな振動数の音が混じっています（第 4 章で説明します）。

3.5 偏光と偏光フィルター

🔲 鮮やかな青空を撮影するには?

南の島の鮮やかな青空、植物を含む風景写真、海岸から見える透明な海の写真などを見ると、南の島に行くと本当にこんな景色があるのかとおもうかもしれません。しかし、実際に行ってみるとそれほど鮮やかでなかったりします。じつは、実際の風景にはさまざまな反射光があり、少し白っぽくなっているのです。この反射光を取り除いて写真を撮影すると、鮮やかな写真や透明な海の写真になるのです[*4]。

図3.10 ケンコー58 mm PL 偏光フィルター（出典元：Kenko Inc.）

写真を撮影する際に反射光を取り除くためには、図3.10のような「偏光フィルター」をカメラのレンズに取り付けます。

図3.11 偏光フィルターによる写真の例　左：偏光フィルターなし　右：偏光フィルターあり

図3.11は偏光フィルターの効果を確かめるために撮った写真です。左の写真ではガラスに反射して反対側の風景が映っています。ところが偏光フィルターを使うと右の写真では反射光はかなり抑えられて、ガラスには反対側の風景はそれほど写りこんでいません。

[*4] コントラストを上げても鮮やかな写真になる。

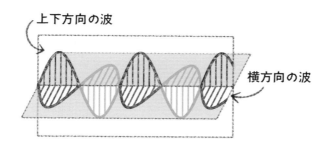 偏光

　それではどうやって反射光を抑えているのでしょう。じつは反射光は幾分か「偏光」という特別な光になっているのです。偏光フィルターはこの偏光をガードすることにより反射光を弱くすることができるのです。それでは特別な光である「偏光」とはいったい何でしょうか？

　光は波であると説明してきました。この光の波はじつはいろいろな方向に振動しています。例えば光が左から右に進んでいるとき、図3.12のように光の波は上下に振動したり、横（前後）に振動したりばらばらに振動しているのです。

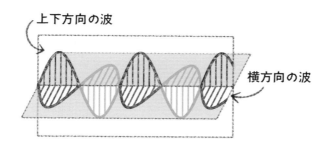

光は縦にも横にも波ができている！

図3.12　光はいろいろな方向に振動している

　ところがばらばらに振動せず、特定の方向に振動する光もあります。例えば上下方向にのみ振動する光などです。こういった光が偏光の例です。そして光はガラスなどに反射すると、部分的に偏光するのです[*5]。

　この偏光した光をガードするのが先ほどの偏光フィルターなのです。偏光フィルターはある方向の光をよく通しますが、それに直角な方向の光はあまり通しません。偏光フィルターは直感的には図3.13のような横方向の網と考えればわかりやすいでしょう。横方向の波は網をすり抜けられますが、縦方向の波は図3.13のように網にぶつかって通り抜けることができません。

＊5　偏光は円偏光など、いろいろな偏光がある。

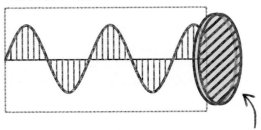

図3.13　横方向の光しか通さない偏光フィルター

　海、空やガラスなどからの反射光には偏光が含まれていますから、偏光フィルターを使うとちょうど上図3.13のように反射光がさえぎられてきれいな写真が撮れるのです[6]。

　偏光フィルターを持って撮影旅行に出かけるとよりきれいな写真がいっぱい撮れます。ぜひ、試してみてください。

---

[6]　実際に使うときはサーキュラー偏光フィルターを使うとよい。

3.6 【発展】基本的な波をあらわす三角関数

参考

　これまで議論してきた波の形は、じつは簡単な数式であらわされることが知られています。そこで、波をあらわす式を調べてみましょう。そのために、第2章で学んだ三角比を使います。じつは第2章に出てきた「サイン（sin）」がそのまま波の式になっているのです。ただし、ここではそのサイン（sin）を少し定義しなおします。

新しい定義：半径 1 の円を考え、図3.14左のように角度 θ を与えたとき、P の x 座標を $\cos\theta$ 、y 座標を $\sin\theta$ とします。

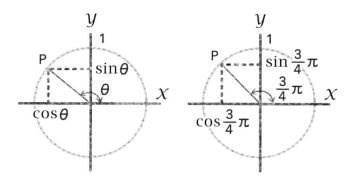

図 3.14　三角関数の定義

　例として図3.14右の $\sin\dfrac{3\pi}{4}(\sin 135°)$ の大体の値を調べてみます。角度は第1章で出てきたラジアン、つまり1回転 $360° = 2\pi$ ラジアンの角度を使っています。図3.14右からPの y 座標は $\theta = \dfrac{3\pi}{4}(135°)$ のとき大体0から1の間の0.7くらいなので $\sin\dfrac{3\pi}{4}$ は0.7くらいということがわかると思います[*7]。

　また、$\sin\dfrac{\pi}{2}(\sin 90°) = 1$、$\sin 0(\sin 0°) = 0$、$\sin\pi(\sin 180°) = 0$ となることがわかります。

[*7]　正確には $\sin\dfrac{3\pi}{4} = \dfrac{1}{\sqrt{2}}$ である。

🔲 $y = \sin\theta$ のグラフは波長 2π の波

　図3.15の左側の円の点Pの角度が θ のとき、Pの y 座標が $\sin\theta$ です。このとき左側の円を見ながら、右側に $y = \sin\theta$ のグラフを描いてみましょう。

　すると、例えば $\theta = \theta_0$ の場合、左の円と右側で y 軸が共通なので、Pの y 座標をそのまま右側の $\theta = \theta_0$ のところ（点Q）までもってくれば、それが $y = \sin\theta_0$ になります。この θ_0 を動かしてみます。

　$\theta_0 = 0$ ラジアンのときは y 座標は0です。θ_0 を 0 ラジアンから大きくしていくと y 座標はだんだん大きくなります。$\theta_0 = 90°$ （ $\frac{\pi}{2}$ ラジアン）で y 座標は1となり、それを超えると y 座標は今度は小さくなっていきます。$\theta_0 = 270°$ （ $\frac{3\pi}{2}$ ラジアン）で y 座標は -1 になっています。そして1回転（ $360° = 2\pi$ ラジアン）すると元に戻り y 座標は0になります。

　ここまでを右側にグラフで描くと図3.15の $\theta = 0$ から $\theta = 2\pi$ ラジアンのグラフになります。これで $\theta = 0$ ラジアンから $\theta = 2\pi$ ラジアンまでのグラフを描くことができました。

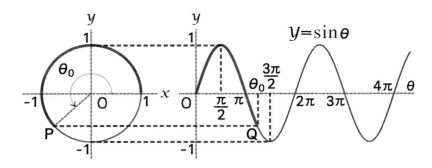

図3.15　$y = \sin\theta$ のグラフ

　1回転（ $360° = 2\pi$ ラジアン）すると元に戻るので、あとは同じグラフを $360° = 2\pi$ ラジアンごとに繰り返します。このようにして $y = \sin\theta$ のグラフは最終的に図3.15のようになります。$y = \sin\theta$ のグラフの特徴は「波長が 2π である」ということです。つまり θ が 2π ラジアン（ $360°$ ）ごとに円を1回転して戻ってくるので、波長が 2π になるのです。

波長が λ の三角関数

　それでは波長が λ（ラムダと読み、しばしば波長をあらわすのに使われます）の波はどうすれば作れるでしょうか？　$\sin$ の中の x は 2π で元に戻るわけですから、$\sin$ の中身を $2\pi\dfrac{x}{\lambda}$ としておけば x が λ 増えるごとに 2π 増えて元に戻るので、$y = \sin 2\pi\dfrac{x}{\lambda}$ が波長 λ の波の式になります。例えば、$y = \sin 2\pi\dfrac{x}{1}$ は波長1の波、$y = \sin 2\pi\dfrac{x}{2}$ は波長2の波をあらわします。

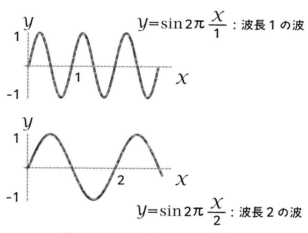

$y = \sin 2\pi\dfrac{x}{1}$：波長1の波

$y = \sin 2\pi\dfrac{x}{2}$：波長2の波

図3.16　波長がそれぞれ1,2の三角関数

　この三角関数のグラフは次の章でいろいろ使います。

第 4 章

美しい音の仕組みを
知るための数学

　第3章で、音の振動数は音の高低をあらわすことを学びました。しかし音には、「音色」という特徴もあります。同じ高さの音でも、音色が違うことがあるのです。美しい歌声と美しくない歌声、美しいバイオリンの響きと美しくないバイオリンの響き。音色の違いはどうしてうまれるのでしょうか?

　さらに音には、美しく響きあう和音もあれば不協和音もあります。どうして美しく響きあう音の組合せがあるのでしょう?

　これらのなぞのキーワードは「倍音」です。倍音を学んで美しい音の仕組みを探ってみましょう。

4.1 ピアノの「ド」と ハーモニカの「ド」の違いは？

音色

　第3章で、振動数によって音の高低が変わることを学びました。振動数でなく周波数という言葉を使えば、低い音は周波数が小さく、高い音は周波数が大きいといえます。

　音の周波数は、「ドレミファソラシド」と音階を上がっていくにつれて、だんだん大きくなっていきます。そして低い「ド」と高い「ド」とでは、周波数が2倍異なることが知られています。例えば「ド」の周波数は約261.6Hzですが、1オクターブ高い「ド」は261.6 × 2 = 523.2Hzになります。

　ただ、同じ音の高さの「ド」の音であってもいろいろな音色があります。美しい「ド」もあれば聞きにくい「ド」もあるし、機械的な「ド」もあれば人間的な「ド」もあります。

美しい「ド」とそうでない「ド」

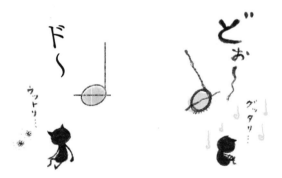

図4.1 美しい「ド」とそうでない「ド」は何がちがう？

　同じように、楽器もピアノの「ド」とハーモニカの「ド」では印象が違います。これは先ほどの音の高さでいえば、全部同じ高さの「ド」の音だけど音色が異なるということです。つまり音を理解するためには、音の高低だけではなく、音色についても理解しなければならないのです。

🔊 音色と音の周波数

　いろいろな音にどのような周波数の成分が含まれているか、ギターとおんさを使って調べてみましょう。まずは第3章でも登場した440Hzのおんさの周波数を見てみます。おんさ の場合は図4.2の左のグラフのように、440Hzの音だけが出ています。

　次にギターの場合です。弦をはじいた音の主な周波数を調べてみると、図4.2の右側のように、いくつかの周波数の成分が出てきます。不思議なことに、ギターの音にはいろいろな周波数の音（つまりいろいろな高さの音）が混じり合っているのです。これはギターに限ったことではありません。ほかの楽器でも人の声でも、同じようにいろいろな高さの音が出ていることがわかります。

　楽器や私たちが音を出すときは、ある特定の高さの音だけを出すのではなく、同時にさまざまな高さの音を出しているのです。

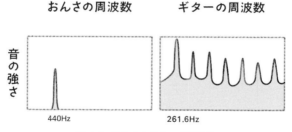

図4.2　おんさとギターの周波数

📧 音色の正体

　ギターの音の周波数を調べた結果、さまざまな高さの音の成分が含まれていることがわかりました。音色がうまれる主な理由はここにあります。いろいろな高さの音の混じり具合によって、いろいろな音色がうまれるのです。同じ「ド」に聞こえる音であっても、それぞれいろいろな高さの周波数が混じっていて、その混じり具合の違いによって異なる音色がうまれるわけです。

　図4.3に、電子キーボードのピアノ（電子ピアノ）と同じく電子キーボードのハーモニカ（電子ハーモニカ）の「ド」の音に含まれている主な周波数の成分を示します。いちばん低いピークの位置は共通ですが、他の音の混じり具合はまったく異なることがわかります。この混じり具合の違いが、電子ピアノと電子ハーモニカの音色の違いをうみ出す主な原因の一つになっています。また、音色の違いをうみ出す別の理由として、音の時間変化などが知られています。

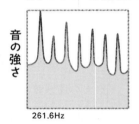
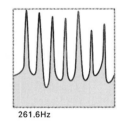

電子ピアノの周波数　　電子ハーモニカの周波数

261.6Hz　　261.6Hz

図4.3　いろいろな楽器の「ド」（左：電子ピアノ／右：電子ハーモニカ）

ひみつは倍音の混じり方

音色と倍音

音色はいろいろな高さの音の混じり具合で決まると説明しましたが、ただめちゃくちゃに混じっているわけではありません。混じり具合にはある規則性があります。もう一度、図4.3をよく見てください。周波数の大きなピークが等間隔になっていることに気がつくでしょう。

大きなピークの音は、いちばん低いピークの音（これを基音といいます）の整数倍の高さの音になっているのです。これらを「倍音」といいます。つまり、

261.6Hzの「ド」の音には周波数が2倍、3倍、4倍、……の倍音が含まれている

のです。

なぜ倍音がうまれるか?

倍音はなぜうまれるのでしょう。倍音とは周波数が2倍、3倍、4倍、……の音です。それではなぜ、周波数が2倍、3倍、4倍、……の音が混じるのでしょう?

ここではギターの弦の代わりに、ロープの両端を持って図4.4のように振動させる例で説明しましょう。ここで右の猫はロープの端を持ったまま動かず、左の猫はロープの端の位置をなるべく動かさないようにロープを振動させます。ゆっくり振動させるとロープは図4.4上のように波打ちます。この波を基本振動といいます。それよりも速く振動させると、最初はうまく波打ちませんが、ある速さの振動になったときに図4.4中のように波長が最初の半分になって安定して波打ちます。

さらに速く振動させると、またしばらくの間はうまく波打ちませんが、ある速さの振動になったところで図4.4下のように波長が3分の1になって安定します。このように、ロープが安定して波打つのは、あるタイミングのときだけです。その安定するタイミングは、周波数が最初の2倍、3倍、4倍、……となったときです。これらの波を倍振動（2倍振動、3倍振動、4倍振動、……）といいます。

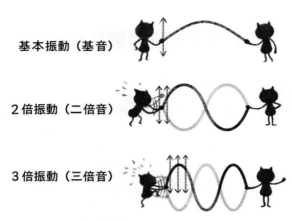

基本振動（基音）

2倍振動（二倍音）

3倍振動（三倍音）

倍振動（倍音）は安定する

図4.4 倍振動が（倍音）がうまれるわけ（波の端の位置は固定されている）

　このように普通の振動に加え、2倍、3倍、4倍、……の振動も安定なので、ギターの弦をはじくと振動数が2倍、3倍、4倍、……倍の音も一緒にうまれるのです。これが倍音がうまれる理由です。

4.3 音色のうまれる仕組み

　同じ「ド」の音でも、楽器によって違う音色に聞こえる理由の一つは、他の音（倍音など）の混じり方の違いによるものだと説明してきました。例えばギターであればギターの弦の倍音、バイオリンであればバイオリンの弦の倍音の混じり方が、音色を決める大きな要素だということです。しかし、本当にそれだけでしょうか？バイオリンの弦の振動だけで、あの美しいバイオリンの音色がうまれるのでしょうか？

図 4.5　美しい音色は弦だけではうまれない

　もし弦ですべて決まるのなら、どんなバイオリンを弾こうと、同じ弦に張り替えてしまえば同じ音ということになります。しかしそんなことはありません。バイオリンには安いものもあれば高価なものもあります。バイオリンの本体によっても音色は異なるのです。
　バイオリンは、弦が振動すると、それにあわせてバイオリンの本体も少し振動することが知られています。つまり、弦だけでなくバイオリン本体が弦の振動にうまく共鳴してバイオリンの美しい音が出るのです。バイオリン本体がうまく振動するには、バイオリンのあの美しい形や材質が重要になります。このように、音は一つの要素ではなく、さまざまな要素が絡み合ってうみ出されるのです。

4.4 美しく響きあう二つの音、濁って聞こえる二つの音

濁って聞こえる二つの音

　音楽には「和音」という美しく響く音の組合せがあります。例えば「ド」と「ソ」や、「ド」と「1オクターブ高いド」などの組合せはきれいに響きあいます。一方、和音にならない「ミ」と「ファ」は、それぞれ単音では美しく響くのに、一緒に奏でると濁って聞こえます。美しく響きあう音の組合せとそうでない組合せがあるのはなぜでしょう？

　まず、濁って聞こえる音の組合せを考えましょう。それは「ミ」と「ファ」や、「シ」と「ド」など、ピアノの隣りあう鍵盤の音の組合せです。これら隣りあう鍵盤の二つの音はきれいに響きあいません（ピアノなどがある人は確かめてみましょう）。なぜ、隣りあう鍵盤の音はきれいに響かないのでしょうか？

　現在のピアノの隣りあう鍵盤の音は周波数でいうと 6% 程、音の高さが異なります（第6章で詳しく学びます）。比でいうと2音の比が 17 : 18 程度です。そして、2音の周波数が 6% 程度異なるとき、私たちは最も濁った2音と感じるのです。それではまとめておきましょう。

2音の周波数が 6% 程度異なるとき、最も濁って聞こえる
（例：ミとファなど隣りあう鍵盤の音）

美しく響きあう二つの音

　それではどういった2音がきれいに響きあうのでしょうか？　基本は**周波数が6% 程度異なる2音を含まない**ときれいに響きあいます。これはしばしば**2音の周波数の比が 1 : 2 とか 2 : 3 のような簡単な整数比**のときに満たされることが知られています。例えば同じ音です。同じ音は周波数比が 1 : 1 できれいに響きあいます。それでは 1 : 2 などの場合はどうなるのでしょう？　以下、具体的に検証してみましょう。

　まず、「ド」と「1オクターブ高いド」を考えてみましょう。周波数の比は 1 : 2 になります。「ド」の基音（261.6 Hz）を基準（1 とする）に考えると、「1オクターブ高いド」の基音は図4.6のようにその2倍になります。ここで倍音のことを思い出しましょう。すると「ド」と「1オクターブ高いド」の音には、それぞれ図4.6のように基音の2倍、3倍、……の倍音が含まれています。

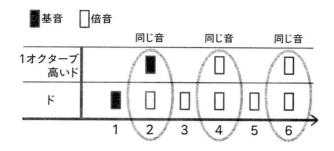

ドの基音を1とした周波数の比

図4.6 「ド」と「1オクターブ高いド」に含まれる音

　すると、「ド」と「1オクターブ高いド」は図4.6のように「ド」の基音の周波数の2、4、6倍のところで同じ音を出していることがわかります。また、図4.6の音はいずれも互いに周波数比が6%とは大きく異なる音です。

　以上により、「ド」と「1オクターブ高いド」は同じ音を出し響きあい、かつ互いにいずれの音とも6%とは大きく異なる音なので濁った2音になりにくく、結果的にきれいに響きあうことになります。

　同じように考えると、「ド」と「ソ」がきれいに響く理由も明らかになります。「ド」と「ソ」は、基音の高さの比は2：3になります。

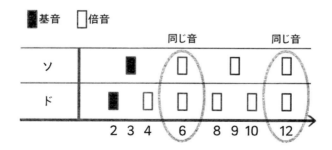

ドの基音を2とした周波数の比

図4.7 「ド」と「ソ」に含まれる音

　「ド」と「ソ」それぞれの基音と倍音の関係は図4.7のようになります。ただし、「ド」の音を2としました。すると、どちらにも倍音には周波数比が「ド」の基音を2として6、12の同じ音を出していることがわかります。また、図4.7の音はいずれも

互いに周波数比が6%とは大きく異なる音です。以上により、「ド」と「ソ」は同じ音を出し響きあい、かつ濁った2音になりにくく、そのためきれいに響きあうことになります。

　このように「2音の周波数の比が簡単な整数比」のときには倍音が一致しやすくなり、そのためきれいに響きあいます。さらに倍音が一致しない場合でも互いに周波数比が6%とは大きく異なるため互いに濁った音にならず、その結果きれいに響きあうのです。

4.5 美しい和音をうみ出す整数比とピタゴラス音律

🔳 美しい和音をうみ出す整数比と天球の音楽

　和音のような美しく響く音の組合せがあることは、「ピタゴラスの定理（三平方の定理）」で有名なギリシアのピタゴラスがすでに数千年前に調べていました。ピタゴラスは、

「弦の長さが簡単な整数比になる2音は美しく響きあう」

という事実に気がついていたようです。

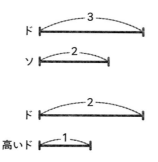

図4.8 簡単な整数比が美しい和音を作り出す

　例えば先ほど周波数比が 1 : 2 の「ド」と「1 オクターブ高いド」の2音や、周波数比が 2 : 3 の「ド」と「ソ」の2音はきれいに響きあうことを紹介しましたが、ピタゴラスは図4.8のように弦の長さの比が 3 : 2 や 2 : 1 といった簡単な整数比になる2音が美しく響きあうことにすでに気づいていたのです。

　このようにピタゴラスは数学の世界で有名なことはもちろん、音楽の世界でも大変有名です。ピタゴラスは、世界の二つの音が簡単な整数比のときに美しく響き合って調和し、それによって人間が感動することに気づいて、世界と人間とを結びつけているのは数であると考えました。そして天界全体も音階（調和）であり、数であると考えました。つまり音楽と数学と世界を結びつけたのです。そして天球は「天球の音楽」を奏でていると考えました。ただしピタゴラスは倍音について知っていたわけではないようです。そのため、弦の長さが簡単な整数比になる音どうしが美しく響きあうことは事実としては知っていても、その本当の理由は知らなかったのでしょう。にもかかわらず、音楽の和音に数学が潜んでいることに気づき、音楽と

数学を結びつけて考えたのは驚くべきことです。

■ ピタゴラス音律

　これまで 2 音の高さの比が 1 : 2 や 2 : 3 など簡単な整数比になると 2 音が美しく響きあうことを紹介しました。この美しく響きあう音を利用してピタゴラス音律と呼ばれる音律が作られました。現在使われているあの「ドレミファソラシド」の音階のもととなったといわれている音律です。ここで音律とは「ドレミファソラシド」の音階などを決める体系のことをいいます。ピタゴラス音律ではある音を $\frac{1}{2}$ 倍もしくは $\frac{3}{2}$ 倍などとすると音の高さの比が簡単な整数比になり、美しく響きあうことを利用します。それぞれの音の作り方を以下に示します。

- ソ：ドを $\frac{3}{2}$ 倍した音はソ

- レ：ソを $\frac{3}{2}$ 倍した音は 1 オクターブ高いレ

- ラ：レを $\frac{3}{2}$ 倍した音はラ

- ミ：ラを $\frac{3}{2}$ 倍した音は 1 オクターブ高いミ

- シ：ミを $\frac{3}{2}$ 倍した音はシ

このようにして「ドレミソラシ」が作られます。ただし、ファだけは

- ファ：ドを $\frac{2}{3}$ 倍した音は 1 オクターブ低いファ

と逆に $\frac{2}{3}$ 倍して作ります。このようにしてドレミファソラシドが作られました。ドレミファソラシドは美しく響きあう音で作られていたのです。このとき、ドを基準として音階の音の高さは表 4.1 のようになります。

表 4.1　ドの音の周波数を 1 とした場合のピタゴラス音律におけるドレミファソラシドの周波数比

	周波数比							
	ド	レ	ミ	ファ	ソ	ラ	シ	ド
ピタゴラス音律	1	$\frac{3^2}{2^3}$	$\frac{3^4}{2^6}$	$\frac{2^2}{3}$	$\frac{3}{2}$	$\frac{3^3}{2^4}$	$\frac{3^5}{2^7}$	2

　ただしこのピタゴラス音律はいろいろ不便な側面があり、一般には現在は使われていません。その理由は第 6 章で学びましょう。

4.6 音の波から周波数の混じり方を調べる ——周波数スペクトル表示

📘 波の合成

　音には一般には倍音が含まれているので、波の形は図3.3のような単純な形にはなりません。それでは倍音がある場合、音の波はどのようになるのでしょうか？

　基音に2倍音が含まれる音を考えてみましょう。2倍音が含まれるということは、波長が $\frac{1}{2}$ 倍の波長が含まれるということです。これは基音の波の形が $\sin x$ だとすると、$\sin 2x$ の形の波の音もあるということです（3.6節）。この二つの音を合わせたときの波の形を知るには、二つの波を足してやればいいのです。すなわち、$\sin x + \sin 2x$ のグラフがこの音の波の形です[*1]。このグラフは図4.9のようになります。

図4.9　基音 +2 倍音のグラフ

　少し複雑になって現実の音波らしくなりました。実際にはさらに3倍、4倍、5倍、……の倍音がありますが、とりあえず $\sin x + \sin 2x - \sin 3x + \sin 4x - \sin 5x$ のグラフを描いてみましょう（図4.10）。

図4.10　基音 +2、3、4、5 倍音のグラフ

―――――――――――――

*1　正確にはそれぞれ振幅がちがうので、基音の振幅を a、2倍音の振幅を b とすれば $a \sin x \pm b \sin 2x$ である。

　一般の音の波形は、このようにいろいろな音の波形を足した複雑な形をしています。

周波数スペクトル表示

　一般の音の波形は複雑すぎるので、それだけを見てもどんな音だかよくわかりません。音の波形を見てわかるのは、せいぜい音が強いか弱いかくらいです。図4.3のように、どんな周波数がどれくらい含まれているかをあらわす方法もあります。これが周波数スペクトル表示です。周波数スペクトル表示であらわせば、倍音がどの程度含まれているかなど、いろいろなことがわかります（図4.11）。

波で音をあらわす→周波数で音をあらわす

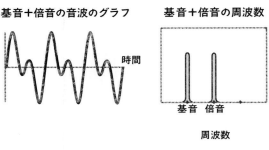

図4.11　波表示と周波数スペクトル表示

　音楽編集用のソフトを使っていると「周波数スペクトル表示」という言葉が出てくることがありますが、もうぎょっとすることはありませんね。音を周波数（音の高低）であらわしているだけです。音を周波数であらわすために、「フーリエ変換」と呼ばれる変換もしくはこれを高速に行う「高速フーリエ変換（FFT：Fast Fourier Transform）」といった数学が使われることが多いですが、これも単に音を周波数であらわすために必要な数学の道具であるという程度に理解しておけば充分です。

第 5 章

赤緑青の3色を混ぜると どうして白になるのか
—— 人間の目と色彩

　第3章において白色光は虹の7色の光を混ぜるとできることを学びました。その一方で、赤と緑と青は「光の三原色」といわれ、この3種類の光を混ぜれば白になります。どうして虹の7色でなく赤緑青の3色だけで白になるのでしょう？　また、赤と緑の光を混ぜると黄の光になります。どうして黄色になるのでしょうか？これには人間の目と人間の知覚の仕組みが深くかかわっています。色彩について詳しく知るためには、光を知ることに加えて、人間特有の目と知覚の仕組みを知る必要があるのです。

　この章では、主に人間の目に備わっている色センサーを中心に、人間が色彩を感じる仕組みを学びます。

5.1 身近な光と光の混色

◉ 光の三原色で白が作れるのはなぜ？

第3章では白色光から虹ができることから、虹の7色の光を混ぜ合わせると白色光ができることを説明しました。ところで皆さんは「光の三原色」という言葉を聞いたことはないでしょうか？　光の三原色とは、赤、緑、青の3色の光のことです。この3色の光を混ぜ合わせると、虹の7色をそろえなくても白色光になってしまうのです。白色光からできる虹は7色なのに、どうしてたったの3色で白色光が作れてしまうのでしょう？

まず簡単な解釈を考えましょう。身近な赤色の光を考えてください。例えば太陽光を赤いリンゴに当てたとき、リンゴからくる赤い光です。実をいうとこれら身近にある赤い光は、虹の中の赤とは違って、ある特定の波長の色だけからできているのではありません。図5.1のように、赤色光には虹の赤のそばにある橙や黄もいくらか含まれています[*1]。

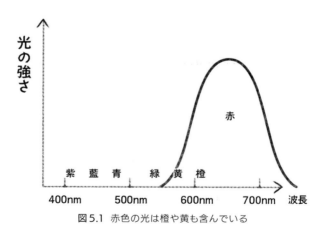

図5.1　赤色の光は橙や黄も含んでいる

---

*1　この節の図はすべておおまかな図であり、実際には光源や対象物によっていろいろ変化する。例えば太陽光を黄色いレモンに当てたとき、レモンからくる光には黄に大きなピークがあるわけでなく、赤もかなり含まれる。

同じことは緑や青にもいえます。多くの緑色の光は、虹の中の緑の両となりにある黄や青も含んでいます。そして多くの青は、虹の中の両となりにある紫や緑を含んでいます。つまり、赤と緑と青の三つの光を混ぜ合わせれば、図5.2のように、だいたい虹の7色がそろうことになります。そういうわけで、この3色の光だけで白色になると考えることができます。

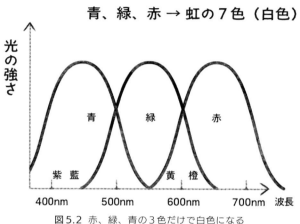

図5.2　赤、緑、青の3色だけで白色になる

赤の光＋緑の光はなぜ黄色になる?

　赤い光と緑の光を混ぜると黄の光になることが知られています。なぜ黄色になるか考えてみましょう。先ほど赤と緑と青から白ができる理由を考えたときと同じように考えれば理解できます。

　簡単のために、赤と緑が図5.3のようになっているとします。図5.3からは、赤は黄と橙を含み、緑は黄と青を含んでいることがわかります。

　すなわち、赤にも緑にも、もともと黄が含まれているわけです。したがって赤と緑の二つの光を足せば、図5.3のように、真ん中の黄〜橙がピークになっておおまかに黄色に見えるわけです。また、赤を強くすると橙に、緑を強くするとより黄色になります。

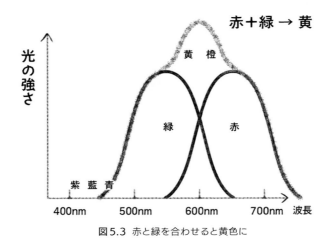

図5.3　赤と緑を合わせると黄色に

　このように簡単なケースであれば、光の色を混ぜたときの色は虹の色の順番（紫藍青緑黄橙赤）からだいたい類推することができます。

5.2 特定の波長の光による光の混色

📋 黄色い光だけの黄色

　これまで、赤い色の光は黄と橙を含んでいると述べました。しかし例外もあります。世の中には図5.4のような本当に「黄の光だけの黄」といった光もあるのです。

　これらは原子が出す光などに見られます。古い高速道路のトンネルで見かける黄色い電灯はナトリウムランプといって、ナトリウム原子が出す光なのですが、これは緑や赤を含まず本当に黄だけの光です。これらの光は、図5.1のような大きな広がりをもった赤と違い、図5.4のように特定の波長の光が含まれています。オーロラのきれいな緑や花火なども、同じように特定の波長の光[*2]が見られる例です。

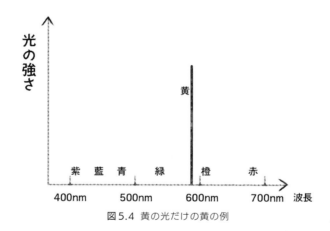

図5.4 黄の光だけの黄の例

[*2]　線スペクトル

黄色がなくても黄色に見える?

　先ほどの説明では、赤い光と緑の光を混ぜると黄になるのはどちらにも黄が含まれているからだと述べました。それでは次のクイズを考えてみてください。

● **クイズ**

　赤しか含まない赤い光と、緑しか含まない緑の光を合わせたら、いったい何色に見える?

　黄が含まれていないのだから黄とは異なる色に見えるとおもうのではないでしょうか?　しかし驚くべきことに、図5.5のような赤しかない赤の光と緑しかない緑の光を合わせると、

黄がないのに人間には黄の光に見える

のです。

　黄がないのに黄に見えるとは、いったいどういうことでしょう?　これを解き明かすのが次の節のお話です。

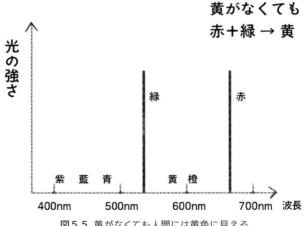

図5.5　黄がなくても人間には黄色に見える

5.3 人間が光を感じる仕組み

人間の目には赤、緑、青のセンサーがある

　人間の目は光の色をどのように認識しているのでしょうか？　わかりやすくするために、人間の目が光をある種の光センサーで感じているとします。まず、この光センサーが1種類しかないとしましょう。その場合、人間には光がどれぐらい入ってきたか、すなわち「明るさ」しか判別できません。ちょうど白黒写真と同じです。光センサーが1種類では色は判別できないのです。人間の光センサーが1種類だったら、私たちの目には白黒の風景しか見えないのです。夜暗くなったとき、明かりをすべて消すと暗闇になります。それでも少し光があると周りのようすは多少見えますが、色はほとんどわかりません。これは暗いとき、人間の目の光センサーが1種類しか働かないためです[*3]。

人間の目

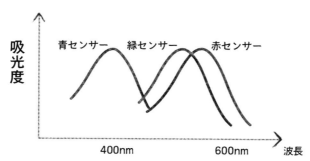

図 5.6　人間の目は赤、緑、青センサーをもっている（図は日本動物学会関東支部　編集『生き物はどのように世界を見ているか』（学会出版センター）を参考に作成）

　では、どうすれば色を判別できるようになるでしょうか？　それには、複数の種類の光センサーがあればいいのです。明るくなるとこの光センサーが働きます。色を感じる光センサーを色センサーとして、人間には赤をピークに光を感じる赤センサー、緑をピークに光を感じる緑センサー、そして青をピークに光を感じる青センサーがあります。

---

　*3　桿体細胞のこと。

　そして、この赤、緑、青センサーは、だいたい図5.6のような特性をもっています。この図は、人間の目に備わっている3種類の色センサーが、ある波長の光をどれくらい吸収するか（吸光度）をあらわしたものです[*4]。

　人間はさまざまな色彩を判別しているように思えますが、じつはこのたった3種類の色センサーしかもっていないのです[*5]。もっといろいろな色センサー、例えば黄センサーや紫センサーがあれば、さらに多くの色を区別できるはずです。しかし実際にはこの3種類しかないので、さらに細かい色の違いは人間にはわかりません。

🔲 XYZ 等色曲線

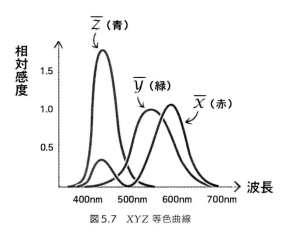

図5.7　XYZ 等色曲線

　図5.6に示した吸光度はわかりやすいのですが、実際に光の色を混ぜる話ではあまり使われません[*6]。よく使われるのは、図5.7に示したような「 XYZ 等色曲線」と呼ばれるものです。図5.7の $\bar{x}$、$\bar{y}$、$\bar{z}$ は基本的にはそれぞれ赤、緑、青をあらわします[*7]。縦軸は波長ごとの相対的な感度で、5.4節で色センサーの刺激値を求めるのに使われます。

[*4]　ここでいうセンサーは、具体的には網膜にある「錐体細胞」のこと。錐体細胞の中には実際に光を受け取る3種の「視物質」があり、図5.6は正確にはそれら視物質の吸光度である。

[*5]　色の認識には心理的な要素やその他の要因もあるといわれているが、この章では3種類の色センサーがあったときに色がどのように見えるかという簡単な立場でのみ説明する。

[*6]　その理由はこの本の範囲を超えてしまうので省略する。さらに興味ある人は財団法人日本色彩研究所 編『カラーコーディネーターのための色彩科学入門』（日本色研事業株式会社）などを参照のこと。

[*7]　実際の赤、緑、青そのものをあらわしているわけではない。仮想的なものである。

5.4 人間の目の色センサーの刺激値

色センサーの刺激値

図5.7の XYZ 等色曲線だとちょっと複雑なので、人間の目の色センサーが図5.8のような単純な形の等色曲線になっているものとして考えてみましょう。

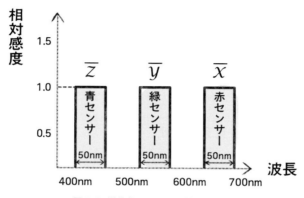

図5.8 単純化した XYZ 等色曲線

太陽から、図5.9のような強さ10の白い光が人間の目に当たったとします。

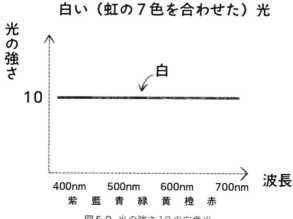

図5.9 光の強さ10の白色光

　そして、この白い光から3種類のセンサー（赤、緑、青）が受けた刺激の大きさを、それぞれ大文字で X 、Y 、Z と書くことにします。いま、白い光はすべての波長の強さが同じだと仮定しているので、人間の目の赤、緑、青センサーはそれぞれ白い光から同じだけ刺激を受けます。つまり $X = Y = Z$ になります。逆にいうと、人間の目のセンサーが $X \approx Y \approx Z$ （$\approx$ は「だいたい同じ」という意味）の刺激を受けたときに、人間には白い光に見えるということです。

　このような理由から、7色の虹をうみ出す太陽からの白色光が、人間の目には白に見えるわけです。そして7色の虹でなくても、赤、緑、青の三つの光があると、赤、青、緑センサーがだいたい同じだけ刺激を受ける（ $X \approx Y \approx Z$ ）のでやはり白に見えます。

　面白いことに、人間には3種類のセンサーしかないため、赤、緑、青の光からできる白と虹の7色の光からできる白を区別できないのです（どちらも $X \approx Y \approx Z$ なため）。

黄がなくても黄に見えるわけ

　今度は黄の光について考えてみましょう。人間の目には黄センサーがありません。そこで、赤の光と緑の光を混ぜると黄色の光ができることを思い出します。これは人間の目のセンサーの立場からすると、赤センサーと緑センサーが主に反応して、青センサーが0に近い状態です。つまり、

> 人間の目の赤、緑センサーがほぼ同じだけ刺激を受け（ $X \approx Y$ ）、
> 青センサーがほとんど刺激を受けないと（ $Z \approx 0$ ）、黄に見える

ということです。

　図5.5のような赤だけの赤い光と緑だけの緑の光は、人間の目の赤センサーと緑センサーだけが反応するため（ $X \approx Y, Z \approx 0$ ）、黄の光が含まれていなくても人間には黄色に見えるというわけです。

参考　X, Y, Z の計算

　それでは具体的に X, Y, Z を計算してみましょう。ただしちょっと難しいので、数学が苦手な人はこの項を読み飛ばしてもかまいません。また、ここではわかりやすさを優先するために、普通の数学や物理の教科書での説明と比べて正確さを欠いています。だいたいの印象をつかむことを目的としているので、より正確に知りたい場合は数学や物理の教科書を参照してください。

　図5.8と図5.9より、10の強さの光が相対感度1、幅50の赤センサー $\bar{x}$ にあたる

と、赤センサーが受ける刺激 X は

$$X = 光の強さ 10 \times (相対感度 1 \times 幅 50) \tag{5.1}$$

となりますから、

$$X = 10 \times (1.0 \times 50) = 500 \tag{5.2}$$

となります[*8]。Y, Z も同様に 500 になります。

　これは光の強さや相対感度が一定の場合でしたが、一定でない場合は、まず光の強さや相対感度が一定となる小さい波長の範囲で考え、あとでいろいろな波長 λ で合計してやります。小さい波長の範囲を $d\lambda$ とします。「d」は、ここでは「ごく小さい範囲」という意味の記号だと思ってください。

　波長 λ において、光の強さを $I(\lambda)$、等色曲線の相対感度を $\bar{x}(\lambda)$、等色曲線の幅を $d\lambda$ と書くと、式（5.1）より、ごく小さい波長の範囲での赤センサーの刺激は

$$I(\lambda) \times (\bar{x}(\lambda)d\lambda) \tag{5.3}$$

となります。これをいろいろな波長で足し合わせればいいことになります。そこで登場するのが、にょろっとした記号 $\int$ を使う積分です。$\int$ を見るとぎょっとするかもしれませんが、ここでは単に足し合わせるという意味しかないので安心してください（そもそも $\int$ という記号は、足し合わせるという意味の英語「Sum」のSの字を伸ばしたものです）。$\int$ を使って式（5.3）をいろいろな波長で足し合わせると、赤センサーが全波長で受ける刺激Xが次の式で求まることになります。

$$X = \int I(\lambda)\bar{x}(\lambda)d\lambda \tag{5.4}$$

　どうでしょうか？　難しかったでしょうか？　よく色彩学の本には式（5.4）の式が出てきますが、なぜこの式が赤センサーの刺激をあらわすのか、ここではその雰囲気を感じ取ってもらえば十分です。

[*8]　わかりやすくするために単位や比例定数は省略してある。

光の色を混ぜると何色になるか
5.5 ── xy 色度図

▶ 作図だけで混色がわかる xy 色度図

光の三原色は赤、緑、青と学びました。それでは青と黄の光を混ぜ合わせると何色になるでしょうか？

この疑問の答えを自分で簡単に調べられるのが、図5.10（カラーの図は口絵の図2）のような「xy 色度図」です。xy 色度図は身近で目にすることもあります。例えばパソコンのモニターのパンフレットで xy 色度図を見かけることがあります。「二つの光の色を混ぜると何色になるのか」とか「三つの光の色を混ぜると何色になるのか」といった疑問には、xy 色度図を見るだけで簡単に答えられてしまうのです。

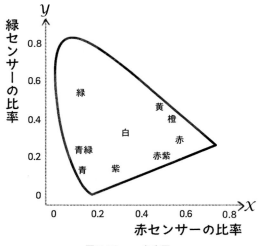

図5.10　xy 色度図

x, y, z は赤、緑、青の比率

xy 色度図の使い方を説明しましょう。まず、xy 色度図の横軸の x は赤の比率、縦軸の y は緑の比率をあらわします。青の比率をあらわす z も、$x + y + z = 1$（100％）という関係から逆算することで求まります。xy 色度図で x が大きくなるほど赤っぽく、y が大きくなるほど緑っぽいことになります。青っぽい色は、z が大きい、すなわち x も y も小さいところにあります（図5.10では $x \approx y \approx 0.2$ あたり）。図5.10では、だいたい $x = y = (z =)0.33$ くらい（それぞれ33％くらい）のところが白となっています。赤、緑、青の比率が同じくらいだと白ということです。

二つの光を混ぜた色を xy 色度図から求めよう

緑色光Pと赤色光Qを混ぜ合わせます。このとき何色の光になるでしょうか？

もちろんこれが黄色光になることはすでに説明ずみですが、あらためて xy 色度図での作図から考えてみます。具体的には、

xy 色度図において二つの光P,Qを混ぜると、線分PQ上の光の色ができる

という xy 色度図の性質を使います。本当にそうなっているか、図5.11で確かめてみましょう。

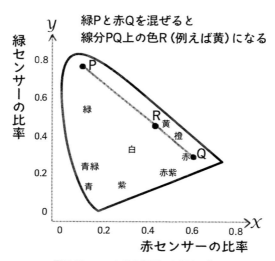

図5.11　二つの光を混ぜると何色に？

　赤と緑の光を混ぜると黄になりますが、確かに図5.11では線分PQ上に黄があります。もし緑の光が少なければ混ぜた色は赤のほうに近づき、逆に赤が少なければ緑に近づきますが、図5.11の線分PQはこの性質も説明できています。赤と緑を混ぜたとき、赤を少し強くしていくと黄から橙に変わるということが、xy 色度図からわかってしまうのです。

● **確認してみよう**

　黄の光＋青の光は何色か、xy 色度図から求めてみよう。
　答え：図5.11で黄と青を線で結ぶと線上に白があるので白色になる。

▣ 三つの光を混ぜた色をxy 色度図から求めよう

　モニターのカタログなどで、図5.12のような三角形を見たことないでしょうか。この三角形は何をあらわしているのでしょう？　じつは

xy **色度図で三つの光P,Q,Rを混ぜると三角形PQR内の光の色ができる**

のです。つまりパソコンのモニターのカタログでは、モニターに表現できる色の範囲がこの三角形の中の色だということを説明するものだったのです。

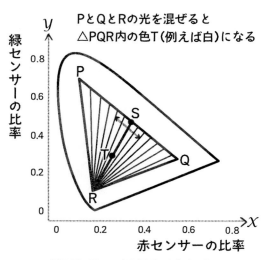

図5.12　三つの光を混ぜると何色に？

　三つの光P,Q,Rを混ぜるときは、まず二つの光 P, Q を混ぜてSという光を作り、その後SとRを混ぜると考えれば、二つの光の混色と同じように考えることができます。 xy 色度図では次のようにして考えます。

ステップ1：色P、色Qを混ぜて色Sを作る

　図5.12のように P,Q を混ぜた光Sを考えます。例えばPを緑、Qを赤とするとSは黄となります。

ステップ2：3色混ぜると線分SR上の色Tが求まる

　ステップ1で得られたPQ混合の光Sと、3色目の色Rの光を混ぜると線分SR上の色Tになります。例えば図5.12で黄Sと青Rを混ぜると、混ぜ具合によってTは青→白→黄と線分SR上の色Tが得られるわけです。

ステップ3：線分SRはPR→QRを動く

　光Sは光Pと光Qの混ぜ具合によって緑（P）→黄→赤（Q）と変わっていきますから、線分SRもそれにつれて動いていきます。このようにして線分SRのSがPからQまで動くので結局、線分SRは三角形PQRの内部を動くということになります。

　このようにして、三つの光 P, Q, R を混ぜると、三角形PQR内の光の色ができるわけです。三つの光 P, Q, R の強さをいろいろ変えることによって、たった3種類の光だけで三角形PQR内の色を作ることができるのです。

いろいろな色空間

　xy 色度図が使われている別の例として、sRGB と Adobe RGB について説明しましょう。同じ画像ファイルでも、パソコンのモニター、画像編集ソフトやプリンターによって色合いが変わってしまうことがあります。そこで、これらの画像ファイルや機器における色の表現の仕方を統一しておくと便利です。

　統一する方法はいろいろありますが、特に sRGB 色空間と Adobe RGB 色空間が有名です。図5.13には sRGB 色空間と Adobe RGB 色空間の三角形が描かれています。

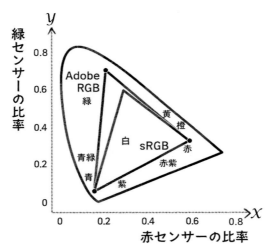

図5.13　sRGB と Adobe RGB

　sRGB 色空間とは、1996年にマイクロソフトとヒューレットパッカードによって提案され、1999年に国際標準規格となった色空間です。多くのパソコンのモニターで sRGB 色空間が使われています。図5.13の sRGB の三角形の内部の色を表現できます。パソコンのモニター、画像編集ソフトやプリンターで色を sRGB 色空間で統一しておくと、色を正しく再現できます。

　しかしながら、sRGB 色空間では表現できない色もたくさんあります。例えば図5.13を見ると、緑の方の色は sRGB の三角形の外にあり、sRGB 色空間では再現できません。自然の世界の多様な色彩を表現するためには、もう少し広い範囲の色を扱えることが望ましいです。

　sRGB 色空間より広い色空間の例として、1998年に提案された Adobe RGB 色

空間が有名です。図5.13のAdobe RGBの三角形の内部の色を表現でき、sRGB
色空間より広い範囲の色を扱うことができます。

　そこで画像ファイルや画像編集ソフト、モニター、プリンターをAdobe RGB
色空間で統一しておくと、より豊かな色彩を表現できます。

5.6 加法混色と減法混色

　5.5節の「確認してみよう」では青色の光＋黄色の光が白色の光になることを学びました。しかしここでもしかすると「青色＋黄色って緑色では？」と思った人もいるかもしれません。緑色になるのは絵具などで青色と黄色を混ぜた場合です。例えば青色の絵具＋黄色の絵具が緑色になります。

　青と黄のように、光の色を混ぜたときと（白）、絵具の色を混ぜたとき（緑）は違う色になります。どうしてこうなるのか、簡単に説明しましょう。

　暗闇で絵具の色が見えないように、絵具は自分で光を出していません。絵具に照明の白い光（赤橙黄緑青藍紫を混ぜた光）が当たると、絵具はその絵具の色に該当する色を主に反射し、それ以外の色を吸収します。例えば黄色い絵具に白い光を当てると、主に黄色を反射し、それ以外の色の光は吸収するので人間には黄色に見えるのです。これは絵具に限らず、レモン、リンゴ、ほか光らない物の色はこれと同じ仕組みで色が見えています。

　ここで、「主に」といいました。現実には5.1節で学んだように、多くの物の色は広がりを持っています。つまり、黄色の絵具は虹において黄色のとなりの色である橙や緑も反射します。どのような色を反射するかは物によって異なるので、ここでは簡単にいつも虹のとなりの色も反射するとしましょう。例えば青色の絵具は青色だけでなく、虹のとなりの緑色と藍色を反射し、残りは吸収するとします。

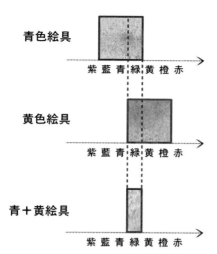

青色絵具

紫 藍 青 緑 黄 橙 赤

黄色絵具

紫 藍 青 緑 黄 橙 赤

青＋黄絵具

紫 藍 青 緑 黄 橙 赤

図5.14　青色絵具＋黄色絵具が緑色になるわけ

　さて、このとき青色の絵具と黄色の絵具を混ぜるとどうなるでしょう？　図5.14のように、青色絵具は藍、青、緑を反射し、それ以外の色の光は吸収します。黄色の絵具は緑、黄、橙を反射し、それ以外の色の光は吸収します。すると、図5.14のように吸収されないで残る色の光は緑の光だけです。そのため、青色の絵具と黄色の絵具を混ぜると緑になります。

　このように物の色を混ぜるときの色は、白（虹の7色）から吸収された色を減算（引き算）して、吸収されなかった残った色が人間に見える色です。そこで、物の色を混ぜる場合は「減法混色」といいます。

　一方で、光の色を混ぜるときはこの章の5.5節までで学んできたように、光の色がどんどん加わっていくので「加法混色」といいます。

鳥は人間より色を見分けられる？

　この章では、人間は色を見分けるセンサーを3種類しかもたないので異なった光でも同じ色に見えることがあると紹介しました。もしももっと色を見分けるセンサーがあれば、私たちはいまよりもたくさんの色を感じることができたわけです。

　じつは、人間より多くの色センサーをもっている動物がいます。それは鳥類です。鳥類は赤センサー、緑センサー、青センサーに加え、紫センサーをもっています。4種類も色センサーをもっているのです。

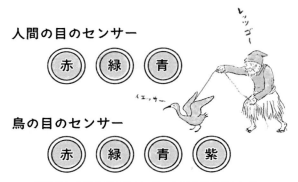

図5.15　人間の目の色センサーと鳥の目の色センサー

　人間のほうが鳥よりも色センサーの種類が少ないなんて、意外におもう人もいるのではないでしょうか。人間に4種類の色センサーがあったらもっと多彩な色彩の豊かな世界を見られるのにとおもうと、鳥がうらやましいですね。

第 6 章

音階の決定法と倍々ゲーム

　自然の世界ではいろいろなところで「指数」が出てきます。例えば「ドレミファソラシド」の音階の決め方の一つである「平均律」も、「指数」を知ることによって理解できます。また、第1章で夜と昼の明るさが1億倍変わることを説明しましたが、自然の世界ではこのように大きさがケタ違いに変わることがしばしばあります。この理由も指数を学ぶとわかりやすくなります。

6.1 膨らむ風船と指数法則

1秒で2倍大きくなる風船

2^3 は「2を3回かける」ですね。一般に $\triangle^{\bigcirc}$ のとき、$\bigcirc$ を指数といいます。では、

2^0 や $2^{0.5}$ は、いったいどんな数でしょう？

2を0回かける？ 2を0.5回かける？ これだけではさっぱりわかりません。自然に「2^0 や $2^{0.5}$」が理解できるようにするため、ここでは「膨らむ風船」を例にして $\triangle^{\bigcirc}$ の新しい見方を紹介します。まず、図6.1のように、1秒で2倍に膨らむ風船を考えましょう。

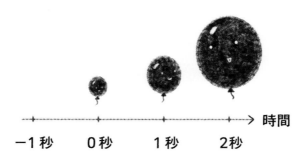

図6.1 1秒で2倍大きくなる風船

時刻 $t = 0$ 秒における風船の大きさを 1 cm とします。この風船は1秒で $2^1 = 2$ 倍、2秒で $2^2 = 4$ 倍、3秒で $2^3 = 8$ 倍という具合に、倍々ゲームでどんどん大きくなっていきます。それでは4秒後の大きさは何倍になるでしょう？

4秒後は $2^4 = 16$ で16倍になります。つまり、時刻 t 秒の風船の大きさを式であらわすと、

時刻 t 秒のときの風船の大きさ $= 2^t$ 〔cm〕　　　　(6.1)

となります。

この式を使うと 8 秒後と 10 秒後の風船の大きさも計算できます。 $2^8 = 256$ 、$2^{10} = 1024$ より、それぞれ 256 倍、 1024 倍です。

表6.1に 2 の t 乗の値をいくつかまとめておきます。これらの値はよく出てくるので覚えておくといいでしょう。

表6.1　2 の t 乗

2^1	2^2	2^3	2^4	2^5	2^6	2^7	2^8	2^9	2^{10}
2	4	8	16	32	64	128	256	512	1024

📭 風船で指数を拡張

ここまでは $t = 1, 2, \cdots, 10$ 秒後というきりのいい時刻（自然数で表現される時刻）での風船の大きさを考えていました。今度は、 0 秒後や 0.5 秒後の風船の大きさがどうなるか考えてみましょう。時刻 t 秒のときの風船の大きさを 2^t 〔cm〕と考えたので、 0 秒後、 0.5 秒後の風船の大きさも、それぞれ式（6.1）で $t = 0$ 、$t = 0.5$ とおいて 2^0 、 $2^{0.5}$ になると考えられます。

これは、「2 を n 回かける」とはちがう、2^n の新しい見方です。「2 を n 回かける」という考え方だと、指数 n はあくまでも $1, 2, 3, \cdots$ という自然数しか考えられませんでしたが、「時刻 t 秒のときの風船の大きさ $= 2^t$ 〔cm〕」とすると、指数 t として 0 とか 0.5 といった自然数でない値をとれるのです。

さらに、 2^{-1} （ $t = -1$ つまり 1 秒前の風船の大きさ）といったマイナスの指数も考えられます。

この立場から、まず 2^0 を求めてみましょう。時刻 $t = 0$ 秒のときの風船の大きさは、図6.1から、 1 倍の 1 cm です。よって、 $2^0 = 1$ となります。つまり

2^0 は、 $t = 0$ 秒の風船の大きさと考えると $2^0 = 1$

なのです。

📭 指数法則を利用して $2^{0.5}$ を計算してみよう

風船は 0.5 秒後にどれだけの大きさになっているでしょう？　つまり $2^{0.5}$ はいくつなのでしょう？　先に断っておきますが、1.5 倍ではありません。でも、図6.2を見ると、 1 倍（ 0 秒後）と 2 倍（ 1 秒後）の間であることは予想できます。

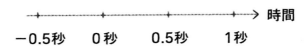

図6.2 0.5秒後の大きさは?

$2^{0.5}$ を具体的に求めるために、次のような指数の計算の法則を思い出してください。

$$2^2 \times 2^3 = 2^{(2+3)} = 2^5 \tag{6.2}$$

$$(2^2)^3 = 2^{2 \cdot 3} = 2^6 \tag{6.3}$$

これらは「指数法則」といいます。いずれも、実際に計算すれば確かめることができます。

$$2^2 \times 2^3 = (2 \cdot 2) \times (2 \cdot 2 \cdot 2) = 2^5 \tag{6.4}$$

$$(2^2)^3 = (2 \cdot 2) \times (2 \cdot 2) \times (2 \cdot 2) = 2^6 \tag{6.5}$$

最初の式は 2 が $2+3=5$ 個と考えるとよいでしょう。次の式は 2 が $2 \times 3 = 6$ 個だと考えることができます[1]。

指数法則に慣れるためにちょっと練習してみましょう。

● **確認してみよう**

指数法則を使って次の□や○の数を求めてみてください。

$$2^4 \times 2^{\square} = 2^{10} \tag{6.6}$$

$$2^{\bigcirc} \times 2^{\bigcirc} = 2^{10} \tag{6.7}$$

---

[1] 指数法則を一般化すると、$a^m \times a^n = a^{(m+n)}$, $(a^m)^n = a^{mn}$ となる。

答え：

$\square = 6$ （$2^4 \times 2^6 = 2^{4+6} = 2^{10}$ より）

$\bigcirc = 5$ （$2^5 \times 2^5 = 2^{5+5} = 2^{10}$ より）

いま、指数法則が自然数でなくても成り立つとしてみましょう。すると $2^{0.5}$ が計算できてしまうのです。実際、

$$2^{\triangle} \times 2^{\triangle} = 2^1 \tag{6.8}$$

のときの△を考えてみると、式（6.7）と同様に考えて、△には 0.5 が入ることがわかります（$2^{0.5} \times 2^{0.5} = 2^{0.5+0.5} = 2^1$）。

ここでちょっとルート（$\sqrt{}$）の計算を思い出してください。$\sqrt{}$ は、2回かけるとルートの中の数になるものでした。つまり、

$$\sqrt{2} \times \sqrt{2} = 2 \tag{6.9}$$

です。

式（6.8）と式（6.9）を比べてみてください。すると、

$$2^{0.5} = \sqrt{2} \tag{6.10}$$

となることがわかりますね。つまり 0.5 秒後の風船の大きさは $2^{0.5} = \sqrt{2}$ 倍です。$\sqrt{2}$ を電卓で計算すれば約 1.41 になるので、0.5 秒後の風船の大きさは 1.41cm になるとわかります。このように風船の大きさ $= 2^t$ と考えれば、さらに $2^{0.1}$ とか $2^{\frac{1}{12}}$ とかを考えることができるのです。

表 6.2 に、次の節で使う $2^{\frac{1}{12}}, 2^{\frac{2}{12}}, \cdots, 2^{\frac{10}{12}}, 2^{\frac{11}{12}}$ の大きさを第 2 章の三角比のときと同じように Windows の電卓で求めてまとめました。表から、例えば $2^{\frac{1}{12}}$ は約 1.06（1.059）だとわかります。この値はあとで平均律の説明で使います。

表6.2　$2^{\frac{1}{12}} \sim 2^{\frac{11}{12}}$ の値

$2^{\frac{1}{12}}$	$2^{\frac{2}{12}}$	$2^{\frac{3}{12}}$	$2^{\frac{4}{12}}$	$2^{\frac{5}{12}}$	$2^{\frac{6}{12}}$	$2^{\frac{7}{12}}$	$2^{\frac{8}{12}}$	$2^{\frac{9}{12}}$	$2^{\frac{10}{12}}$	$2^{\frac{11}{12}}$
1.059	1.122	1.189	1.260	1.335	1.414	1.498	1.587	1.682	1.782	1.888

● マイナス○乗とは?

ついでにマイナス○乗（2^{-1} など）も説明しておきましょう。1秒で2倍大きくなる風船で $t = -1$ 秒とおくと、1秒前は $\frac{1}{2}$ 倍なので、$2^{-1} = \frac{1}{2}$ となります。同じようにして、2秒前は $\frac{1}{2}$ 倍の $\frac{1}{2}$ 倍で $\frac{1}{4}$ 倍ですから $2^{-2} = \frac{1}{2^2}$ となります。同様に、3秒前は $2^{-3} = \frac{1}{2^3} = \frac{1}{8}$ となり、結局 $2^{-t} = \frac{1}{2^t}$ となることがわかります。つまり指数にマイナスがついたら、1をマイナスがつかない指数乗で割ってやればよいのです。マイナス乗は、10のマイナス乗という形でよく出てきます。

$10^{-t} = \frac{1}{10^t}$ です。例えば $10^{-2} = \frac{1}{10^2}$、$10^{-3} = \frac{1}{10^3}$ となります。

まとめると、$m = 1, 2, 3, \cdots$ について、

$$2^{-m} = \frac{1}{2^m}, \qquad 10^{-m} = \frac{1}{10^m} \tag{6.11}$$

ということです。

6.2 音階の決定法 —— 平均律

　前節で説明した $2^{\frac{1}{2}}$ や $2^{\frac{1}{12}}$ が計算できると、いろいろなことが理解できます。その一つが音階です。第4章で、「ドレミファソラシド」の決め方の一つであるピタゴラス音律は現在使われていないことを紹介しました。それでは現在はどうやって「ドレミファソラシド」を決めているのでしょう。

　じつは音階の決定法（音律）には、現在、主に二つの方法があります。一つは「平均律」といい、もう一つは「純正律」といいます。それぞれ利点と欠点があるのですが、ここでは指数と関係の深い平均律を紹介します。

■ 1オクターブには12個の音がある

　まず、1オクターブの音に含まれるピアノの鍵盤の数を調べてみましょう。いくつあるでしょうか。「ドレミファソラシ」だから7個、というのは間違いです。ピアノには黒い鍵盤（黒鍵）もあります。黒い鍵盤まで含めると、ドから順番にド ド♯ レ レ♯ ミ ファ ファ♯ ソ ソ♯ ラ ラ♯ シ の12個の音があることになります。

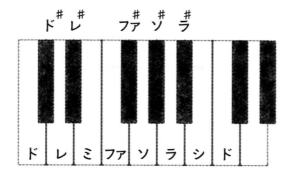

図6.3　音階には「ドレミファソラシ」のほかに「ド♯レ♯ファ♯ソ♯ラ♯」がある

■ 平均律

　平均律とは、黒い鍵盤の音も含めて

隣りあう音どうしの比をいつも一定にして音階を決める

音律のことです。それでは隣りあう音どうしの比はいくつなのでしょう？

　いま、隣りあう音どうしの比が a であるとしましょう。そうすると、図6.4のように、ドから鍵盤を12個ずらすと次のドになって周波数が2倍になることがわかります。すなわち $a^{12} = 2$ です。

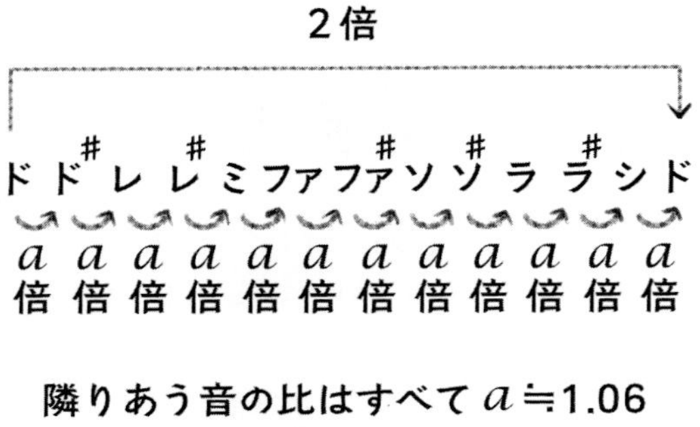

図6.4　平均律の決定法

　ここから $a = 2^{\frac{1}{12}}$ が得られます（$(a^{\frac{1}{12}})^{12} = a$）。この値は表6.2で計算したように、約1.06になります。つまり、

平均律は隣りあう音どうしの比が1.06

といえます。

転調が簡単な平均律

　「ドレミファソラシド」の「ド」を主音といいます。ただし主音「ド」の音の高さにはいろいろあります。そこで、主音「ド」の音の高さおよび「ドレミファソラシド」のような音のまとまりに注目したものを調といいます。そして「ドレミファソラシド」で「ド」の位置を変えることを転調といいます。

　平均律の長所の一つに、この転調が簡単な点があります。すなわち平均律では「どこからでも「ド」をはじめられる」のです。ピアノの鍵盤の「ド」の位置からでなくても、「レ」からでも「ソ」からでも「ドレミファソラシド」の音階を作れるのです。以下、その作り方を説明しましょう。

　まず、基本的な音程（2音の高さの差）として全音と半音が知られています。ここでピアノの鍵盤1個ぶんの差が半音で、鍵盤2個ぶんの差の音が全音です。ピアノの鍵盤を見ると、「ミファ」と「シド」の間だけ鍵盤の差は1個です。ですからこれは半音です。それ以外の白い鍵盤の間には黒い鍵盤がありますから、差は2個です。これを全音というわけです。

　まとめると、図6.5のように、普通の「ドレミファソラシド」は、3-4番目と7-8番目の間だけが半音で、それ以外は全音となっています。半音は $2^{\frac{1}{12}} = 1.06$ 倍周波数が大きく、全音は $2^{\frac{2}{12}} = 1.12$ 倍周波数が大きくなっています。

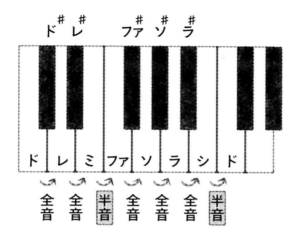

図6.5 「ドレミファソラシド」は3-4番目と7-8番目の間だけ半音で、それ以外は全音

　それでは適当なところからはじめて、3-4番目と7-8番目の間だけ半音でそれ以外は全音でピアノを弾くとどうなるでしょう？

　もしピアノのような鍵盤楽器が手元にあったら、図6.5を見ながら試しに「ミ」からはじめて「ミファ♯ソ♯ラシド♯レ♯ミ」という具合に鍵盤を叩いてみましょう。こうすると3-4番目と7-8番目の間だけ半音（鍵盤1個）で、それ以外は全音（鍵盤2個）になります。驚くことに、確かに「ドレミファソラシド」に聞こえるはずです。このように、

3-4番目と7-8番目の間だけ鍵盤1個の半音、

それ以外を鍵盤2個の全音にすれば「ドレミファソラシド」に聞こえる

のです。これが平均律の特徴である「ド」の位置を自由に変えられる転調の例です。

● **確認してみよう**

「レ」から音階を作りたい。「レミ○ソラシ△レ」が「ドレミファソラシド」に聞こえるようにするには、「○」と「△」に何の音を入れたらよいでしょう？

　答え：「○」は「ファ♯」、「△」は「ド♯」

6.3 いろいろな音律

🔲 もう一つの音階の決定法 ― 純正律

　この章ではこれまで音階の決定法として平均律を紹介しました。ここでは別の音階の作り方である純正律を紹介しましょう。第4章で紹介したように、振動数の比を単純な整数比にすると2音は美しく響きあいます。

　純正律は良く知られた和音である「ドミソ」だけでなく、「ソシレ」「ファラド」の音が4：5：6の比になっています。つまり、いくつかの和音の周波数をはじめから簡単な整数比に設定しているのです。そのため、純正律は和音がよりきれいに聞こえるという特徴があります。またこのとき、隣りあう音の比は図6.6のとおりになり、平均律と異なり一定ではありません。

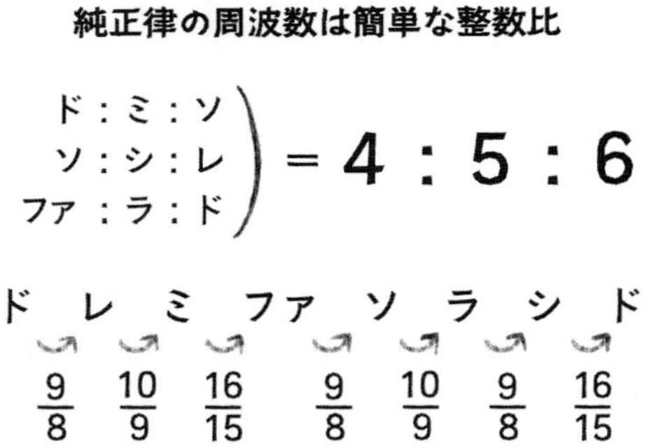

純正律の周波数は簡単な整数比

$$\left.\begin{array}{l} \text{ド：ミ：ソ} \\ \text{ソ：シ：レ} \\ \text{ファ：ラ：ド} \end{array}\right) = 4 : 5 : 6$$

ド　レ　ミ　ファ　ソ　ラ　シ　ド

$\dfrac{9}{8}$　$\dfrac{10}{9}$　$\dfrac{16}{15}$　$\dfrac{9}{8}$　$\dfrac{10}{9}$　$\dfrac{9}{8}$　$\dfrac{16}{15}$

図6.6　純正律の音階の決定法

🔲 平均律の「ドミソ」は単純な整数比にならない

　それでは、平均律の「ドミソ」の周波数比はきれいな整数比になるのでしょうか？図6.5から、「ド」から全音二つ上がると「ミ」になり、「ド」から全音三つと半音一つ上がると「ソ」となるので、半音が$2^{\frac{1}{12}}$倍、全音が$2^{\frac{2}{12}}$倍であることを使うと、表6.2から　ド：ミ：ソ $= 1 : (2^{\frac{1}{12}})^4 : (2^{\frac{1}{12}})^7 = 1 : 1.260 : 1.498$ となります。これは残念ながら簡単な整数比ではありません。

転調が困難な純正律とピタゴラス音階

　第4章で学んだ周波数比が「2:3」「3:2」「2:1」で作られたピタゴラス音階も、「ドミソ」「ソシレ」「ファラド」の音を4:5:6の比に設定した「純正律」も単純な整数比ですから、美しく響きあう音で音階が作られています。にもかかわらず、現在はほとんど使われていません。現在使われているのはほぼ平均律です。なぜでしょう？

　平均律の大きな特徴は隣りあう音どうしの比が一定（約1.06）なので、ドの位置を自由に変えられることでした。しかし、純正律は図6.6のとおり隣りあう音の比は $\frac{9}{8}$ とか $\frac{10}{9}$ とか一定ではありません。

図6.7 ピタゴラス音律の隣りあう音の比

　ピタゴラス音律も表4.1より作成された隣りあう音の比は図6.7のとおりとなり、隣りあう音の比は一定ではありません[*2]。そのため、「ド」の位置を変えると（転調すると）新しい鍵盤が必要になってしまうのです。これは曲を作るうえでは大変不便です。これが純正律、ピタゴラス音律が使われなくなった理由の一つです。

　さて、それではドの位置を自由に変えられる平均律は、単純な整数比で作られた純正律、ピタゴラス音律とどれくらい異なるのでしょうか？　表6.3には平均律、純正律、ピタゴラス音律のドを基準とした周波数比の表をのせました。

[*2]　具体的には表4.1と図6.7より $\frac{ファ}{ミ} = \frac{2^8}{3^5}$ となるがこれを半音と考え、同じく表4.1と図6.7より $\frac{ソ}{ファ} = \frac{3^2}{2^3}$ となるがこれを全音と考えてみる。転調がいつも可能であるためには全音は半音の2乗であることが必要だが、半音とした $\frac{ファ}{ミ}$ の2乗は $\left(\frac{ファ}{ミ}\right)^2 = \left(\frac{2^8}{3^5}\right)^2 = \frac{2^{16}}{3^{10}}$ となり、全音とした $\frac{ソ}{ファ} = \frac{3^2}{2^3}$ と等しくなっていない。そのため、ドの位置を変えると鍵盤を変更する必要がある。

表6.3　いろいろな音律の音の高さ

階名	周波数比							
	ド	レ	ミ	ファ	ソ	ラ	シ	ド
平均律	1	1.122	1.260	1.335	1.498	1.682	1.888	2
純正律	1	1.125	1.25	1.333	1.5	1.667	1.875	2
ピタゴラス音律	1	1.125	1.266	1.333	1.5	1.688	1.898	2

　表6.3を見ると、平均律は純正律、ピタゴラス音律と素人では区別できないくらいほとんど同じであることがわかります。よって平均律でも充分和音はきれいに聞こえるのです。

6.4 小さな数から大きな数が現れるわけ
── 倍々ゲーム

　第1章で、夜と昼の明るさが1億倍も変わることを紹介しました。そのほかにも、私たちの周りでは大きな数から小さな数までケタ違いの数としてあらわされるような現象が多々あります。どうしてこんなケタ違いの数が現れるのでしょう?

　その主な理由の一つは、いたるところに「倍々ゲーム」があることです。例えば細胞分裂や化学反応のなかには倍々ゲームで元の細胞や分子が増えるものがあります。

📭 借金は危険

　倍々ゲームがどれくらいケタ違いの数をつくり出すか、架空の借金の例で考えてみましょう。

● クイズ

　ある人から1円借ります。1日で返済額が2倍、2日で $2^2 = 4$ 円、3日で $2^3 = 8$ 円になるとします。このとき30日後の借金はいくらになるでしょう?

　もちろん、こんな過大な利息は法律で禁じられています。でも、借りる額が1円ならたいしたことにならないとおもうのではないでしょうか?　そんなことはありません。倍々ゲームではあっという間にすごい借金になるのです。

　まず、10日後の借金は 2^{10} 倍です。これは $2^{10} = 1024$ 円になります。ここで計算を簡単にするために、1024を1000と近似しましょう。つまり、借金は10日で約1000倍になるわけです。まだ、たいしたことないとおもうかもしれません。

　しかし20日後になると、10日ごとに約1000倍になるので、約1000円の約1000倍で約100万円になります。あっという間に借金が膨れ上がりました。さらに10日たつとその約1000倍で約10億円になります。

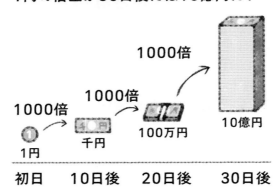

図6.8 倍々に増える借金

　1円の借金がたった30日で約10億円になるなんて大変です。それどころか40日後にはさらに約1000倍の約1兆円、50日後にはその約1000倍の約1000兆円になってしまい、日本の国家予算を超えてしまいます。これが「倍々ゲーム」の怖さです。

⏩ インフレーション宇宙 ── 宇宙も倍々ゲームで大きくなった

　借金なんて、ちょっと夢のない話をしました。そこで今度は夢のある宇宙の話を しましょう。私たちが住んでいる宇宙は膨らんでいるといわれています。宇宙が膨 らんでいるなら、ずっと昔は宇宙はとても小さかったはずです。実際、138億年ほ ど前に「ビッグバン」という火の玉宇宙の大爆発があり、そこから宇宙はどんどん 大きくなって現在の宇宙ができあがったと考えられています。

　そうすると、「ビッグバンの前に何があったの？」とみんなおもうでしょう。ビッ グバンの前には佐藤勝彦氏が最初に提唱した「インフレーション宇宙」というのが あって、宇宙が「倍々ゲーム」を繰り返していまよりもずっと急激に大きくなって いた（指数関数的に膨張した）時期があるとする考えがあります。

　つまり、インフレーション宇宙では宇宙が $2, 4, 8, 16, 32$ 倍とほんのごくわずか の時間ごとに倍々ゲームで大きくなったと考えられています[*3]。このインフレーショ ン期にはなんとわずか10の数十乗分の1秒の間に大きさが数十ケタ大きくなった と考えられているのです。

　それではここで、仮にインフレーション宇宙が100回ほど倍々ゲームを繰り返し て大きくなったとしてみましょう。このとき、宇宙はどれくらい大きくなるでしょ うか？　100回倍々ゲームを繰り返すのですから、2^{100} 倍大きくなります。2^{100} とはどれくらい大きな数でしょう？　$2^{10} = 1024 \approx 1000$ としてだいたいの値を 求めてみましょう。すると、$2^{100} = (2^{10})^{10} \approx (10^3)^{10} = 10^{30}$ 倍となります。つ まり、この仮定によれば10000000000000000000000000000000倍宇宙が大きくなっ たというわけです。30ケタ大きくなっています。すごいですね。

[*3]　詳しく知りたい人はインフレーション宇宙の最初の提唱者である佐藤勝彦氏が書いた著 書、佐藤勝彦 著『宇宙「96%の謎」─最新宇宙学が描く宇宙の本当の姿』（実業之日本社）, 2003 などを参照するとよい。

6.5　大きな数と小さな数

■ 国際単位系で使われる単位の接頭辞

　大きな数や小さな数を扱うとき、k（キロ）や m（ミリ）、c（センチ）などの
用語を使うことがあります。例えば、1 km（キロメートル）は 1000 m（メートル）、
1 cm（センチメートル）は 0.01 m（メートル）（10^{-2} m）をあらわします。こ
のkやcは国際単位系で使われる単位の接頭辞で、ほかにも表6.4のようなものが
あります。

表6.4　大きな数と小さな数をあらわす単位の接頭辞

d（デシ）	10^{-1}	da（デカ）	10^{1}
c（センチ）	10^{-2}	h（ヘクト）	10^{2}
m（ミリ）	10^{-3}	k（キロ）	10^{3}
μ（マイクロ）	10^{-6}	M（メガ）	10^{6}
n（ナノ）	10^{-9}	G（ギガ）	10^{9}
p（ピコ）	10^{-12}	T（テラ）	10^{12}

　M（メガ）、G（ギガ）、T（テラ）はコンピューターの世界でよく耳にします。
例えば1Mバイトは 10^{6}（百万）バイト、1Gバイトは 10^{9}（10億）バイト、1Tバ
イトは 10^{12}（1兆）バイトをあらわします。

　小さいほうでは、化粧品のCMなどで n（ナノ）を耳にしたことがあるかもし
れません。n（ナノ）は 10^{-9} をあらわします。分子の大きさが1nm程度なので、
1nmといったらだいたい「分子レベル」のサイズです。

日本における大きな数と小さな数

　国際単位系で使われる単位の接頭辞は海外でも通用するので便利なのですが、日本で使われている大きな数や小さな数のあらわし方もけっこう味わいがあります。表6.5にいろいろな日本の数のあらわし方をのせました。

表6.5　大きな数と小さな数（吉田光由著、大矢真一校注『塵劫記』（岩波書店）をもとに作成）

大きな数	指数	身の回りの大きさ	小さな数	指数	身の回りの大きさ
一	1	人間〜 1 m	一	1	人間〜 1 m
十	10		分 (ふん)	10^{-1}	
百	10^2		厘 (り)	10^{-2}	ビー玉〜 10^{-2} m
千	10^3		毫 (もう)	10^{-3}	ミジンコ〜 10^{-3} m
万	10^4	地球〜 10^7 m	糸 (し)	10^{-4}	
億	10^8	太陽〜 10^9 m	忽 (こつ)	10^{-5}	
兆	10^{12}		微 (び)	10^{-6}	
京 (けい)	10^{16}		繊 (せん)	10^{-7}	
垓 (がい)	10^{20}	銀河系〜 10^{21} m	沙 (しゃ)	10^{-8}	
秭 (じょ)	10^{24}	宇宙〜 10^{26} m	塵 (じん)	10^{-9}	
穣 (じょう)	10^{28}		埃 (あい)	10^{-10}	原子〜 10^{-10} m
溝 (こう)	10^{32}		渺 (びょう)	10^{-11}	
澗 (かん)	10^{36}		漠 (ばく)	10^{-12}	
正 (せい)	10^{40}		糢糊 (もこ)	10^{-13}	
載 (さい)	10^{44}		逡巡 (しゅじゅん)	10^{-14}	
極 (ごく)	10^{48}		須臾 (しゅゆ)	10^{-15}	陽子〜 10^{-15} m
恒河沙 (こうがしゃ)	10^{52}		瞬息 (しゅんそく)	10^{-16}	
阿僧祇 (あそうぎ)	10^{56}		弾指 (だんし)	10^{-17}	
那由他 (なゆた)	10^{60}		刹那 (せつな)	10^{-18}	クオーク〜 10^{-18} m
不可思議 (ふかしぎ)	10^{64}		六徳 (りっとく)	10^{-19}	
無量大数 (むりょうたいすう)	10^{68}		虚空 (きょくう)	10^{-20}	

　表6.5によれば、銀河系の大きさは10垓メートル程度、原子の大きさは1埃メートル程度ということになります。無量大数とか刹那といった面白そうな名前もあります。刹那はもともと「極めて短い時間」という意味の言葉で、大きさでいうと1刹那mはだいたいクオークと呼ばれる素粒子の大きさになります。

第 7 章

臨機応変な人間の
感覚と対数

　第1章では、夜と昼では明るさが1億倍も変わることを学びました。しかしながら、人間はそんなに明るさが変わったとは感じません。なぜでしょうか？

　じつは明るさが2倍になっても、人間は必ずしも2倍明るくなったとは感じないのです。これらの性質を「人間の感覚は対数的である」といいあらわすことがあります。この対数的な感覚によって、大きく異なる明るさをうまく認識できるのです。

　対数は音を扱うときにも使われます。人間は対数感覚によって、ケタ違いに大きさの違う音を適切に聞き分けることができます。この章ではこの人間の感覚と密接な関係のある対数について学びましょう。

7.1 強い音をどうあらわす?

音の強さ

強い音と弱い音の違いはいったい何なのでしょうか?

太鼓を叩くことを想像してください。勢いよく太鼓を叩くと空気が大きく振動して、強い音が出ます。一方、軽く叩くと空気が少し振動して弱い音が出ます(図7.1)。

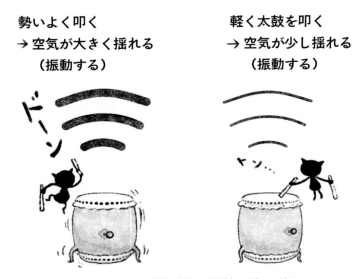

図7.1　音量は空気の振動(音圧の変動)の強さで決まる

空気の振動を「空気の圧力が変動する」といい換えると、強い音では空気の圧力の変動が大きく、弱い音では空気の圧力の変動が小さいといえます。この空気の圧力の変動のことを「音圧」といいます。圧力の単位としては天気予報などに出てくるパスカル(Pa)を使うので、音圧もパスカルであらわすことができます。例えば、ささやき音は0.0002パスカル、静かな室内は0.002パスカル、通常の会話は0.02パスカル、幹線道路沿いは0.2パスカルです。

📇 音をグラフにすると？

図7.2に、先ほどあげたいろいろな音圧をグラフに描いてみました。

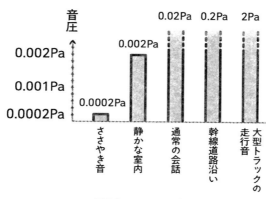

図7.2　いろいろな音圧

　ささやき音（0.0002パスカル）と静かな室内（0.002パスカル）は、音圧が10倍違うだけなのでなんとかグラフに描くことができます。しかし、通常の会話（0.02パスカル）はささやき音の100倍、幹線道路沿い（0.2パスカル）はささやき音の1000倍なので、とても一つのグラフに描くことはできません。私たち人間は、普通のグラフに描くことが難しいくらいに音圧の違う音を、普通に聞くことができるのです。

　では、これらの音を一つのグラフに描くことはできないのでしょうか？　音楽プレーヤーなどで、音の強さ（音量）を図7.3のように表示しているのを見たことがあると思います。このような音楽プレーヤーの音量表示では、ささやき音から幹線道路沿いの音、大型トラックの音まで、一つの図に表示されています。

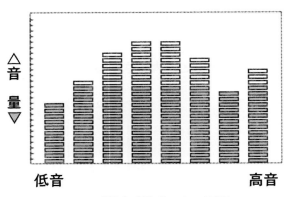

図7.3 音楽プレーヤーの音量

　音楽プレーヤーの音量表示ではケタ違いに異なる音をどうやって表示しているの
でしょう？　じつは音楽プレーヤーの音量表示では、ケタ違いの音圧を「対数」を
使って人間にもわかりやすく表示しているのです。というわけで音の強さを詳しく
学ぶ前に、まずは対数の基本を学びましょう。

7.2 大きな数は「何乗したか」で考える ――対数の基本

一言でいうと、

「対数」とは「何乗したか?」をあらわす数

です。例えば、$100, 1000, 10000$ は、それぞれ10を $2, 3, 4$ 乗した数です。このように「何乗したか?」に注目すると、1000000000 のような大きな数も「10を9乗した数」と簡単にあらわせます。

この「何乗したか?」を、「$\log$」という対数記号を使って書きあらわします。具体例をあげましょう。図7.4を見てください。1000 は 10 を 3 乗した数です。そこでこの 3 乗に注目して $\log_{10} 1000 = 3$ と書くわけです。

$$\log_{10} 1000 = 3$$

10を3乗すると1000

図7.4 対数は「何乗したか?」で考える

もう一つ例を考えてみましょう。今度は $\log_{10} 100$ のほうから考えてみます。$10^2 = 100$ なので、10 を 2 乗すると 100 になります。よって $\log_{10} 100 = 2$ となるわけです。どうでしょう? だんだん対数記号「$\log$」に慣れてきたでしょうか? まとめると、

$\log_{10} M$ は「10 を何乗すると M になるか」をあらわす数

といえます。

● 確認してみよう

$\log_{10} 10000$, $\log_{10} 10$ をそれぞれ計算しなさい。

答え：$\log_{10} 10000 = 4$, $\log_{10} 10 = 1$

📓 対数

　対数は「10 を何乗したか」だけでなく、「2 を何乗したか」のように、10 以外の場合にも考えることができます。つまり、一般に対数は

$$\log_a M は、「a を何乗すると M になるか」をあらわす数$$

なのです。例えば $\log_2 4$ は、2 を 2 乗すれば 4 になるので、$\log_2 4 = 2$ です。同様に $\log_2 8$ は、2 を 3 乗すれば 8 なので、$\log_2 8 = 3$ となります。

● **確認してみよう**

　$\log_2 16, \log_2 256$ をそれぞれ求めましょう。

　答え： $\log_2 16 = 4$,　$\log_2 256 = 8$ （$2^8 = 256$ だから）

● **確認してみよう（少し難しい）**

　$\log_2 \sqrt{2}$ の値を求めましょう。

　答え： $\log_2 \sqrt{2} = \dfrac{1}{2}$ （$2^{\frac{1}{2}} = \sqrt{2}$ だから）

📓 何ケタ大きいの？ —— 常用対数

　対数のなかでも「10 を何乗したか」をあらわす $\log_{10} M$ は「常用対数」といわれることがあります。そして常用対数はよく使うので、$\log_{10} M$ の 10 を省略して、$\log 100 = 2$,　$\log 1000 = 3$ と書くことがあります（それぞれ $\log_{10} 100 = 2$, $\log_{10} 1000 = 3$ の 10 を省略しています）。

　ですから、$\log 100$ という対数を見たら $\log_{10} 100$ のことをあらわしていると考えればいいのです[*1]。

　なぜ「10 を何乗したか」がよく使われるのでしょう？　その理由の一つは、「10 を何乗したか」は、もっと身近な表現でいうと「何ケタ大きいか」をあらわしているからです。例えば 100 倍大きいとき、普通は「2 ケタ大きい」などといいます。この 2 がどこからくるかというと、100 が 10 を 2 乗した数であることによります。つまり $\log 100 = 2$ です。この例から、

$$常用対数は「何ケタ大きいか」をあらわす$$

のです。

[*1]　ただし自然科学の世界では、$\log x$ といったら $\log_e x$ をあらわすことも多い。e は自然対数の底といわれる無理数。

7.3 対数で音の強さをあらわす ―― 1ケタ大きいと20デシベル大きくなる

　やっと音の強さをあらわす準備が整いました。音の強さをあらわすには常用対数（何ケタ大きいか）を使えばよいのです。実際、ささやき音の0.0002パスカルと幹線道路沿いの0.2パスカルでは1000倍違いますが、ケタ数だけで見ると3ケタ大きいだけです。式であらわせば、

$$\log \frac{0.2}{0.0002} = \log 1000 = 3 \tag{7.1}$$

ということです。

　1000倍違っても3しか違わないのは、今度はちょっと小さすぎですね。普通はケタ数に20をかけて音の強さの単位として使っています。このようにしてあらわされた音の強さの単位が「デシベル（dB）」です[*2]。ケタ数に20をかけるので、20デシベル大きい音は1ケタ音圧が大きい音をあらわします。つまり、

20デシベルごとに音圧が1ケタ大きくなる（10倍大きくなる）

のです。例えばささやき音の0.0002パスカルに比べ幹線道路沿いの0.2パスカルは3ケタ大きいので、$20 \times 3 = 60$ となり、ささやき音より幹線道路沿いの音は60デシベル強い音ということになります。別の例として、最近の映像編集ソフトなどでは音量を調整できるものがあります。そういったソフトでは音量を20デシベル変更すると、音圧が1ケタ変わるわけです。

[*2]　式であらわすと デシベル $= 20 \log \frac{音圧}{基準となる音圧}$ となる。なおデシベルは音以外の単位にも使われる。

音圧レベルをデシベルであらわす

「幹線道路の騒音は80デシベルです」など、音の強さの程度をあらわすのにしばしば音圧レベルが使われます。音圧レベルは、

● 音圧レベル
「ある音の音圧が、人間が聞くことのできる最も小さな音に近い音圧（0.00002パスカル）よりも何ケタ大きいか」に20をかけたもの

となります[*3]。単位はデシベルです。表7.1に身近な音の音圧とデシベルをまとめました。音圧では音として聴ける限界（200パスカル）と1kHzの最小可聴音（0.00002パスカル）は10000000倍、つまり7ケタも違いますが、デシベルにするとケタ数の違い（＝7）×20で、たったの140になります。これなら人間が聞くすべての音量を簡単に表示できます。

表7.1　身の回りの音の音圧レベル（『理科年表2020』より）

身の回りの例	デシベル	音圧（パスカル）
1kHzの最小可聴値	0	0.00002
ささやき声	20	0.0002
静かな室内	40	0.002
通常の会話	60	0.02
幹線道路沿い	80	0.2
ジェット機の離陸音	120	20
音として聴ける限界	140	200

　図7.3のような音楽プレーヤーの音量の絵も、デシベルを使っているので一つのグラフに描けているのです。

[*3]　対数を使ってあらわすと、
音の音圧レベル $= 20 \log \dfrac{音の音圧}{人間が聞くことのできる最も小さな音の音圧}$ となる。

7.4 聞こえやすい音、聞こえにくい音

🔲 音の高さ（周波数）によって人間が感じる音の大きさが変わる?

　同じ音圧レベルの音でも、聞こえやすい音と聞こえにくい音があります。例えば私たちが聞こえる音の範囲はおよそ20〜20000 Hzといわれていますが、20 Hzや20000 Hz付近に近づくにつれてだんだん聞こえにくくなります。すごい低い音やすごい高い音は聞こえにくいのです。

　そこで、音圧による音の強さと実際に人間が感じる音の大きさを区別しましょう。まず第一に、言葉をきちんと区別します。「音の強さ」はこれまで学んできたように、音圧で決まり*4、しばしば対数を利用した音圧レベルが使われます。単位はデシベルです。一方で「音の大きさ」は実際に人間が感じる音の大きさです。これをラウドネス（音の大きさ）といい、単位はフォン（phon）です。つまり、「大きな音」や「小さな音」というのは、音圧レベル（dB）ではなく、人間が感じる音の大きさ（phon）です。

　1000 Hzの音を基準として、音の強さ（dB）と音の大きさ（phon）の関係を周波数ごとに曲線で描いたものが図7.5です。

　音の大きさに慣れるために、この図を使って、低い音が聞こえにくいことを確認してみましょう。まず、図7.5の最小可聴値の曲線を見てみましょう。1000 Hzくらいだと最小可聴値は0デシベル付近にあります。しかし、31.5 Hzの低い音の場合、図7.5を見ると0デシベルでは聞こえません。なんと図7.5から60デシベルあたりの強い音でないと聞こえないことがわかります。

---

*4　より正確には音のエネルギー

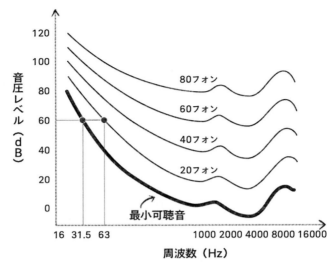

図7.5　音の大きさの等感曲線（『理科年表2020』より）

　また、図7.5からは1000 Hzの20デシベルくらいの音と63 Hzの60デシベルの音が、音の強さとしては40デシベルもちがいますが、人間には同じ大きさの20フォンの音として聞こえることがわかります。確かに低い音は聞こえにくい音であることがわかりました。

🔲 赤ちゃんの声を人間はよく聞き取ることができる

　人間にとって最も聞こえやすい音は何ヘルツの音でしょうか？　図7.5を見ると、だいたい2000 Hz〜4000 Hzの音が音圧レベルが小さくても最もよく聞こえることがわかります。この周波数の音を含む例として赤ちゃんの泣き声があります。赤ちゃんは自分で自分の身を守ることができません。もしお母さんやお父さんが赤ちゃんの泣き声を聞き取りにくいと、赤ちゃんにとっては命にかかわります。人間の耳は、大人の助けが絶対必要な赤ちゃんの泣き声がよく聞こえるようにできているのです。とても不思議ですね。

　また、警告アラームや甲高い叫び声、口笛などの高い音もよく聞こえる音です。危険を知らせる音は聞こえやすい音であることが好ましいのです。

図7.6　赤ちゃんの泣き声はよく聞こえる

若者だけに聞こえる音 （モスキート音）

　周波数によって音の大きさが変わることを説明しましたが、一般に年をとるとすごく高い音は聞こえなくなります。しかも比較的若い30代とか40代でも、すごく高い音が聞こえなくなります。若い人には聞こえる高い音が、年をとるとだんだん聞こえなくなっていくのです。

　これを利用したものに「モスキート音」というものがあります。例えば17000 Hzくらいの高音は若い人にしか聞こえません。そのため、例えばスマートフォンの着信音を17000 Hzくらいにしておくと、学校の教室でスマートフォンの音が鳴ると生徒には聞こえるのに先生には聞こえないという可能性があります。この17000 Hz前後の音をモスキート音といいます。ちなみに、著者も実際に17000 Hzくらいの音を聞いてみたのですが、残念なことにまったく聞こえませんでした[5]。

---

[5]　17000 Hzの音を聞くときには、たとえ耳には聞こえなくても空気は振動しているので、聞こえないからといってボリュームを上げすぎると鼓膜にダメージを受ける。実際に試す場合は十分に注意すること。

7.5 星の明るさと対数

　星の明るさも対数を使ってあらわすことができます。星の明るさについては、1等星とか2等星といった表現を聞いたことがあるでしょう。6等星が肉眼で見える最も暗い星とされ、5等星、4等星、……、1等星と順番に明るくなっていきます。

　星の明るさは、等級が一つ上がるごとに2.51倍明るくなります。6等星を2.51倍明るくすると5等星になるのです。そして6等星を $2.51^5 = 100$ 倍明るくすると1等星になります。さらに2.51倍明るくすると0等星、さらに2.51倍明るくすると-1等星になります。

　ここで音の強さと星の明るさを比較すると

・音の強さは、音圧が10倍（1ケタ）大きくなると20デシベル大きくなる

・星の明るさは、2.51倍明るくなると1等級明るくなる

となるので、音の場合に使われる常用対数（ $\log_{10}$（音圧））の代わりに、星の場合は10を2.51とおいた対数 $\log_{2.51}$（星の明るさ）が使われます[6]。こうすると、星の明るさが2.51倍明るくなるたびに星の明るさは1等級変わることになります。表7.2に、有名な天体の明るさ（6等星との比）と等級をまとめました。

　さそり座のアンタレスは6等星の100倍、夜空で最も明るい恒星であるシリウスは6等星の約1000倍（994倍）の輝きをもっています。このように夜空にはまったく明るさのちがう天体が輝いていますが、ここでも対数スケールを使って星の明るさを○等星とあらわすことにより、たいへんわかりやすく星の明るさを比較できるのです。

---

[6]　正確には，星の明るさの等級 $= 6 - \log_{2.51} \dfrac{星の明るさ}{6等星の明るさ}$

表7.2　身近な天体の明るさ（等級と天体は『理科年表 2020』より）

天体	等級	明るさ（6等星との比）
アンドロメダ銀河	4.4	4.4
デネブ（白鳥座）	1.2	83
アンタレス（さそり座）	1.0	100
アルタイル（わし座）	0.8	120
ベガ（こと座）	0.0	250
シリウス（おおいぬ座）	− 1.5	994

7.6 ウェーバー・フェヒナーの法則

　これまで音と光を例に、「大きな数と小さな数と一緒に扱うのに便利」という観点から対数について説明してきましたが、そもそも人間の感覚には対数的な側面があるのです。

　ちょっとした例を考えてみましょう。人間は、曇りの日の30001ルクスの明るさと30300ルクスの明るさ（表1.1参照）をほとんど区別できません。しかし、月明かりの1ルクスと30ワット蛍光灯2本で照らされている8畳間の300ルクス（大まかには居住用の室内の明るさ）とでは、同じ300ルクス程度の差であっても室内のほうがずっと明るいと判断できます。このように、人間の知覚の感度は明るさなどの刺激が強くなるほど鈍くなるのです。これはウェーバーの法則の一例です。

　ウェーバーの法則の考え方を推し進めたのが、精神物理学の祖とされるグスタフ・フェヒナーによるウェーバー・フェヒナーの法則

「感覚量は刺激強度の対数に比例する」

です。ここで刺激強度とは、例えば明るさや音の強さなどです。対数に比例するので、明るさが2倍になっても人間は2倍明るくなったとは感じないのです。

　このような人間の対数感覚によって、視覚においては明るさが大きく異なる光を同じ目で認識でき、聴覚においては音量が大きく異なる音を同じ耳で認識できるわけです。

【発展】 数式で明らかにしよう

　ここでは先ほどのウェーバーの法則とウェーバー・フェヒナーの法則を詳しく説明します。数学が得意な人はがんばって読んでみましょう。数学が苦手な人は読み飛ばしても大丈夫です。

ウェーバーの法則

　明るさや音の強さなどを物理的な刺激を S とします。その刺激 S を変化させたとき、区別できる最小の刺激の差を ΔS とします。例えば100ルクスの部屋で108ルクスになって初めて明るさが変化したことがわかる場合、$S = 100$、$\Delta S = 8$

とおけるわけです[*7]。このとき、ウェーバーの法則は

$$\frac{\Delta S}{S} = 一定 \tag{7.2}$$

で与えられます[*8]。ここで一定値 $\frac{\Delta S}{S}$ をウェーバー比といいます。いま、仮に明るさのウェーバー比を 0.08 としましょう。すると明るさの刺激 S が 100 ルクスのとき、$\frac{\Delta S}{100} = 0.08$ より $\Delta S = 8$ で 108 ルクスになって明るさが変化したことがわかります。ところが $S = 1000$ ルクスになると、$\frac{\Delta S}{1000} = 0.08$ より $\Delta S = 80$ で 1080 ルクスにならないと明るさが変化したことがわからないのです。このようにウェーバーの法則は明るさなどの刺激 S が強くなるほど ΔS が大きくなり、結果感度が鈍ることをあらわしています。

ウェーバー・フェヒナーの法則

　次に、ウェーバー・フェヒナーの法則を説明します。人間が明るさなどの刺激 S を受けたときに感じる感覚の大きさを R としましょう。そして感覚 R が変化したことがわかる最小値を ΔR とし、またウェーバー比を C としましょう。

　いま、ある刺激 S_0 に対して感じる感覚が R_0 であったとします。刺激 S_0 にすごく小さい刺激を加えても感じる感覚 R_0 は変わりませんが、刺激を徐々に大きくしていって ΔS を加えたときに感覚の大きさ R_0 が変化したことがわかったとします。その感覚の大きさの変化は ΔR です。このとき刺激の変化を計算すると、

$$S_0 + \Delta S = S_0 \left(1 + \frac{\Delta S}{S_0}\right) = S_0(1 + C) \tag{7.3}$$

と、$(1 + C)$ 倍されたことがわかります。ここで ΔS は S が大きくなるほど大きくなるので定数ではないですが、ウェーバー比 C はウェーバーの法則より定数なので、単純に**感覚の大きさ R が ΔR 増えるたびに刺激 S は $(1 + C)$ 倍される**ことがわかります。実際、刺激 $S_0(1 + C)$ にさらに感覚の変化 ΔR がわかる最小の刺激 $\Delta S'$ を足すと

[*7]　ウェーバーの法則を明るさの場合に適用する際はしばしば輝度を使うが、ここでは簡単のため照度を使った。

[*8]　明るさの場合、ウェーバーの法則が成り立つのは暗くない場合。暗い場合は成り立たない。

$$S_0(1+C) + \Delta S' = S_0(1+C)\left\{1 + \frac{\Delta S'}{S_0(1+C)}\right\}$$
$$= S_0(1+C)(1+C)$$
$$= S_0(1+C)^2 \tag{7.4}$$

となります。ここでウェーバーの法則 $\dfrac{\Delta S'}{S_0(1+C)} = C(= 一定)$ を使いました。

よって、

$$S = a(1+C)^{R/\Delta R} \tag{7.5}$$

とすれば、 R が ΔR 増えるごとに刺激 S は $(1+C)$ 倍増えます[*9]。式（7.5）の両辺の対数をとると、

$$R = k\log_{1+C} S + m \tag{7.6}$$

となります。ただし、 k, m は定数です。このようにして**感覚 R が刺激 S の対数に比例する**ことが示されます。これがウェーバー・フェヒナーの法則です。ただし、実際にいつも、式（7.6）が成り立つというわけではなく、ある領域における近似式となります。

---

*9　a は定数

第 8 章

0と1ですべての数字をあらわす
―― デジタルな画像と色と音

　デジタルカメラやテレビの地上デジタル放送など、「デジタル」という言葉をしばしば耳にします。そもそも「デジタル」とはいったい何なのでしょうか？

　コンピューターの世界では主に0と1の2種類の数字を使って画像や音声データをあらわします。このように何種類かの数字でデータをあらわすことにより、画像や音声データなどを完璧に複製したり放送したりすることを可能にしています。

　この章ではデジタルと、それにまつわる画像や音声データの話に出てくる「ビット」について説明します。

8.1 　数字の種類は何種類？

📱 数字の種類が 10 種類の理由は人間の指の数―10 進法―

　私たちが普段使っている数字には、「 0, 1, 2, 3, 4, 5, 6, 7, 8, 9 」の 10 種類の記号
があります。しかし、なぜこの 10 種類の記号があるのでしょう？　11 種類とか 9
種類ではいけなかったのでしょうか？　10 種類なのは単なる偶然なのでしょうか？
　人間は、しばしば物の数を両手 10 本の指で 1, 2, 3, ・・・ と数えますが、じつはこ
れが数字の記号が 10 種類であることに影響を与えたといわれています。このよう
に 10 種類の記号を使って数をあらわすことを「 10 進法」といいます。

E.T. は 8 種類の数字を使う―8 進法―

　スティーブン・スピルバーグ監督の代表作の一つに E.T. という作品があります。
少年と宇宙からやってきた宇宙人である E.T. との交流が描かれた物語です。この
作品は映像がとても美しく、物語のクライマックスで警察の追っ手から逃れようと
する E.T. と少年たちが夕日を背景に自転車で飛び回るシーンはとても印象的です。
さて、ここでは E.T. の指の数に注目しましょう。この物語に出てくる E.T. の指の
数は、じつは人間と異なり両手で 8 本です。
　そうすると E.T. が両手 8 本の指で数を数える場合、8 が基準になりそうですね。
E.T. の星では数字の記号は「 0, 1, 2, 3, 4, 5, 6, 7 」の 8 種類かもしれません。この
ように 8 種類の記号で数をあらわすことを「 8 進法」といいます。

2 種類の数字の星は 2 進法

　では、両手の指の数が合わせて 2 本の住民の星ではどうでしょう。両手の指が 2
本なので、数字の種類も「 0, 1 」の 2 種類かもしれませんね。このように 2 種類の
記号で数をあらわすことを「 2 進法」といいます。

16種類の数字の星は16進法

　さらに、両手で16本の指をもつ住民の星も考えてみます。この星の住民は、数字をあらわすのに16種類の記号を使っているかもしれません。10進法では数字の記号が「0, 1, 2, 3, 4, 5, 6, 7, 8, 9」の10種類しかないので、この星の数字を私たちの使っている数字であらわすには記号が足りません。残りの6種類の記号はどうすればいいでしょう?

　そこで新たに6種類の数字の記号を作ることにします。残り6種類には、世界中で使われているアルファベットの最初の6文字の「A, B, C, D, E, F」を使うことにしましょう。「0, 1, 2, 3, 4, 5, 6, 7, 8, 9, A, B, C, D, E, F」の16種類の記号を、数をあらわすのに割り当てるのです。このように16種の記号で数をあらわすことを「16進法」といいます。

コンピューターは2進法の星の住民?

　ここで地球に話題を戻しましょう。私たちが使っているのは、じつは10進法だけではありません。2進法や16進法もさまざまな場所で使われています。

　例えば、この章の本題はコンピューターの世界の数の数え方です。コンピューターの世界では基本的に0, 1の2種類の記号で数字をあらわします。つまり2進法が使われています。

　また、Webページなどのデザインで使われるデジタル色彩では、しばしば16進法を使って色彩をあらわします。また、第12章で説明するプログラミング言語のなかには、C言語など8進法が使われているものもあります。表8.1に、数字の種類の数と地球での使用例をまとめます。

表8.1　数字の種類の数と地球での使用例

n進法	数字の種類	地球での使用例
10	0,1,2,3,4,5,6,7,8,9の10種類	日常よく使う。物の個数を数える場合など
8	0,1,2,3,4,5,6,7の8種類	C言語などのプログラムで使われることがある
2	0,1の2種類	コンピューター
16	0,1,2,3,4,5,6,7,8,9,A,B,C,D,E,Fの16種類	デジタル色彩

繰り上がりで大きな数をあらわす

　数字の記号の種類は、8進法では「 0,1,2,3,4,5,6,7 」の8種類です。この限られた数の記号だけで、ほかの数をどのようにあらわすのでしょう。例えば、数字の記号が「 0,1,2,3,4,5,6,7 」しかないE.T.は、「7より1だけ大きな数」をどのようにあらわすのでしょう？

　じつは10進法でも同じ問題はあって、10種類しかない記号を使って数をあらわすのに私たちは「繰り上がり」という方法を使っています。そこでまずは「繰り上がり」を調べてみましょう。

10進法の場合の繰り上がり

　お馴染みの10進法では、「 0,1,2,3,4,5,6,7,8,9 」という10種類の記号だけでたくさんの数をあらわすことができています。

　例えば表8.2のように、9よりも1だけ大きい数は「10」とあらわします。当たり前とおもうかもしれませんが、これはとても重要です。ここでは、9を「09」と考えて、9の次は「10」と考えているのです。これを「繰り上がり」もしくは「一の位が繰り上がる」などといいます。2ケタ目（いちばん左のケタ）の「0」が「1」になったことに注目しましょう。10より1だけ大きい数は「11」、以下同様に、「12」「13」… 「20」… 「80」… 「90」… 「99」となります。「99」になったら、また「099」と考えて次の数を「100」とするのです。

　このように「繰り上がり」を繰り返せば、たった10種類の記号「 0,1,2,3,4,5,6,7,8,9 」だけでいくらでも大きな数をあらわすことができます。

表8.2　繰り上がりで大きな数をあらわす

10進法	0	1	2	…	8	9	10	11	…	99	100	101
							↑繰り上がり				↑繰り上がり	

8進法の場合の繰り上がり

　8進法の場合を考えてみましょう。

　残念ながら「8」という記号は使えません。「0」から「7」までの記号しかないからです。そこで7より1だけ大きい数を「繰り上がり」を使ってあらわしましょう。7を「07」と考えるのです。そうすると、7より1だけ大きな数は繰り上がって「10」となります。表8.3に10進法と8進法の対応表をのせました。地球で「8」とあらわしている数字は、E.T.の星では「10」とあらわすのかもしれませんね。

表8.3 10進法と8進法

10進法	0	1	2	3	4	5	6	7	8	9	10
8進法	0	1	2	3	4	5	6	7	10	11	12

↑繰り上がり

このように、繰り上がりを使えば8進法でも8種類の数 $0, 1, 2, 3, 4, 5, 6, 7$ でいくらでも大きな数をあらわせます。

2進法の場合の繰り上がり

次は2進法の場合を考えましょう。2進法では数の記号は $0, 1$ の2種類しかありません。このたった2種類でたくさんの数をあらわすのです。そんなことができるのか、疑問におもうかもしれません。しかし先ほどの「繰り上がり」を使えばできてしまいます。

「繰り上がり」を使って1の次の数を考えましょう。「2」は使えません。ところが1を「01」と考えると、次の数は「繰り上がり」を使えば「10」となります。

「10」の次は「11」で、これを「011」と考えると、次の数は「100」となります。このようにして2進法でも大きな数を表現できることがわかりました。しかし、数の記号が2種類だけなのですぐに「繰り上がり」があります。

表8.4は10進法と2進法の対応表です。2種類の数字の星での「10」は地球では「2」になります。

表8.4 10進法と2進法

10進法	0	1	2	3	4	5	6	7	8	9	10
2進法	0	1	10	11	100	101	110	111	1000	1001	1010

16進法の場合

　16進法では、 0, 1, 2, · · · , D, E, F の16種類の記号が使われます。16進法の場合は、10進法で繰り上がりが必要だった「10」を「A」という数字の記号であらわせます。10進法の「15」が「F」になり、それよりも大きい数で「繰り上がり」が必要になります。「F」よりも1だけ大きな数をこれまでと同様にして「繰り上がり」で求めてみましょう。

　これまでと同様に、Fの次の数を「0F」の次の数だと考えれば、繰り上がって10となります。さらに、「11」「12」· · ·「19」「1A」「1B」· · ·「1F」「20」「21」という具合に続きます。

　表8.5は10進法と16進法の対応表です。

表8.5　10進法と16進法

10進法	0	1	2	3	4	5	6	7	8	9	10
16進法	0	1	2	3	4	5	6	7	8	9	A

10進法	11	12	13	14	15	16	17	···	25	26	27
16進法	B	C	D	E	F	10	11	···	19	1A	1B

10進法	···	31	32	33	···	159	160	···	254	255	256
16進法	···	1F	20	21	···	9F	A0	···	FE	FF	100

　この10進法と16進法の対応表8.5では、覚えておいてほしい数が一つあります。それは「FF」です。表8.5によれば、16進法でFFは10進法の255になっています。この数はあとのデジタル色彩の説明で出てきます。

8.2 デジタルとアナログ

　「デジタル」に対する言葉として「アナログ」があります。デジタルやアナログというのは、ごく簡単にいってしまうと、データを扱う方法のことです。アナログではデータを連続した値として扱い、デジタルではとびとびの値として扱います。

　私たちの周りに自然にある音や景色は、もともとはアナログなデータです。これをとびとびの数値にしてコンピューターで扱えるようにしたものがデジタルなデータです。そしてコンピューターでは主に2進法が使われているので、ここでは主に2進法のデジタルデータについて説明します。

劣化に弱いアナログと劣化に強いデジタル

　2021年現在、テレビは日本ではデジタル放送に移行していますが、かつて家のテレビはアナログ放送を受信していました。デジタル放送でもアナログ放送でも、映像や音声を電波などにのせて送信します。

ノイズが入ると映像／音声が乱れる

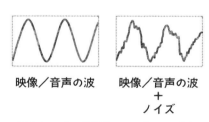

映像／音声の波　　　映像／音声の波
　　　　　　　　　　　　＋
　　　　　　　　　　　ノイズ

図8.1　アナログ放送のノイズによる劣化

　アナログ放送では途中でノイズなどにより図8.1右のようにデータが乱れると、再生される映像や音声も劣化して乱れてしまうのです。一般には電波塔からの電波を受け取るとき、電波塔との距離が大きいと電波が弱くなり劣化しやすくなります。つまり、アナログ放送では電波塔から離れるほど音質、画質が悪くなるのが一般的です。また、アナログ放送に限らずアナログデータは劣化に弱いのがその特徴です。

　一方、デジタル放送の特長として、かつてのアナログ放送よりも画質がクリアで電波が多少弱くてもノイズがなく劣化に強いとよくいわれます。それでは、なぜデジタル放送は劣化に強いのでしょう？

📡 劣化に強い通信方法は?―モールス符号―

　まず、様々なデータを劣化に強くするにはどうすればよいか調べましょう。劣化
に強い通信手段の一つとして、古くからモールス符号を用いた通信が知られていま
す。モールス符号とは長点「ツー（−）」符号と短点「ト（・）」符号の「2種類」
でデータが構成され、かつては盛んに船舶などとの通信で使われていました。

表8.6　アルファベットのモールス符号

A	・−	B	−・・・	C	−・−・
D	−・・	E	・	F	・・−・
G	−−・	H	・・・・	I	・・
J	・−−−	K	−・−	L	・−・・
M	−−	N	−・	O	−−−
P	・−−・	Q	−−・−	R	・−・
S	・・・	T	−	U	・・−
V	・・・−	W	・−−	X	−・・−
Y	−・−−	Z	−−・・		

　アルファベットのモールス符号は表8.6のとおりです。また、長点（−）は短点（・）
3個分、各点の間は短点1個分の間隔、文字の間隔は短点3個分、語の間隔は短点7
個分です。またSOS符号はアルファベットとは別に、「・・・−−−・・・」（トト
トツーツーツートトト）と決められています。あの「タイタニック号」も沈没する
前にこのSOS符号を信号として発した（SOSモールス信号を発した）といわれて
います。

　モールス符号の利点の一つとして、「劣化にとても強い」という点があります。

ノイズが多少あっても
SOSモールス信号は伝わる

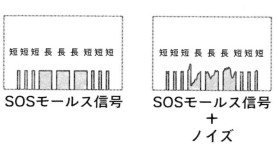

図8.2 劣化に強いモールス符号を用いた通信

　例えば、SOSのモールス符号を音として「トトトツーツーツートトト」と送っ
たとします。それを離れたところで受信して再生したときに、長いか短いかだけな
ら、多少ノイズが入って「ドドド ズーズーズー ドドド」というふうに聞こえても、
よっぽどひどいノイズでない限りは図8.2のように（短短短 長長長 短短短）とい
う信号であることは伝わるでしょう。ノイズつきの図8.2右のような信号を受け取っ
ても、元の信号は図8.2左のように「SOS信号を発信している」ということがわか
るのです。つまり、劣化にとても強いのです。

🔲 デジタルが劣化に強い理由

　デジタル放送もモールス符号のように、データをいったんノイズに強い形に直してから送信しています。モールス符号は長い・短いの2種類でしたが、デジタルデータの場合はしばしば0と1の2種類でデータをあらわします。そして、モールス符号は文字を長・短で符号化しましたが、デジタルデータは文字だけでなく音や色、映像などもしばしば0と1で符号化します。例えば赤色を「1011」と約束しておいて送信します[*1]。

ノイズの入った信号　　復元したデジタル信号

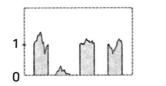 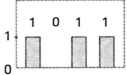

図8.3　劣化に強いデジタル

　するとノイズが多少入って図8.3左のように乱れても、データには0か1しかないはずなので、元のデータが図8.3右つまり「1011」だとわかるので、「赤」ということがわかります。つまりデータを完全に復元できるのです。

　このように、一般にデータをデジタル（この場合は0と1の2種類）であらわしておくと劣化に強くなります。デジタル化された映像と音声の複製は、基本的にはオリジナルのデジタル映像や音声とまったく同じなのです。これがデジタル放送が劣化に強く、映像がキレイといわれる主な理由です。

● **確認してみよう**

　デジタルデータであらわされた画像はなぜコピーしても画質が劣化しないのか？
　答え：デジタルであらわされた画像データは復元しやすいから。

　[*1]　実際に赤が1011というわけではない。あくまでも説明のため。

8.3 2進法とビット

2進法とビット

コンピューターにおけるデジタルでは、0と1だけでデータをあらわす2進法が採用されています。

コンピューターではその0と1を、図8.4のように「ビット」と呼ばれる情報の入れ物のようなもので表現します[2]。この入れ物には「0」か「1」のいずれかの情報しか入れることができません。

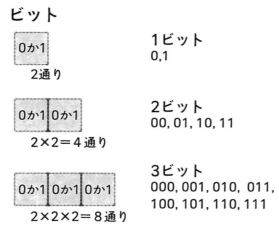

ビット

1ビット
0,1

2ビット
00, 01, 10, 11

3ビット
000, 001, 010, 011,
100, 101, 110, 111

図8.4　ビットは何通りの情報をあらわせる?

図8.4を見ながら具体的にこの「ビット」でどれだけの種類の情報があらわされるかを考えてみましょう（もちろん、このビットという情報の入れ物の数が多いほどたくさんの情報を扱えます）。

まず、一つのビットでは「0」と「1」という2種類の情報を扱うことができます。つまり1ビットでは2種類です。

二つのビットの場合は、図8.4から「00」「01」「10」「11」の4種類の情報を扱うことができることがわかります。これは、「1番目のビット2種類 × 2番目のビット2種類 ＝ 2^2 ＝ 4種類」と計算できます。つまり2ビットでは4種類です。

＊2　正確にはコンピューターで扱える情報量の最小単位。

　三つのビットの場合はというと、「000」「001」「010」「011」「100」「101」「110」「111」の8種類になります。これも、「1番目のビット2種類 × 2番目のビット2種類 × 3番目のビット2種類 $= 2^3 = 8$ 種類」と計算できます。つまり3ビットでは8種類です。

　以上をまとめると、一般に「n ビット」では「1番目のビット2種類 × 2番目のビット2種類 × $\cdots$ × n 番目のビット2種類 $=$「2^n 種類」の情報を扱うことができます。

n ビットは 2^n 個のデータを扱うことができる

のです。表8.7にビットの数に応じて扱える情報の数をまとめておきます。

表8.7　ビットの扱う情報の数

ビット	1	2	3	4	⋯	8	⋯	10	⋯	16
情報の数	2	4	8	16	⋯	256	⋯	1024	⋯	65536

　現在のコンピューターでは8ビット（または、その倍数の16ビットや32ビット、64ビットなど）を単位にして情報を扱うことから、8ビットのことを特別に「1バイト」ともいいます。表8.7によれば、8ビット（1バイト）では256種類の情報が扱えます。このことはいろいろな箇所で出てくるので覚えておきましょう。

8.4 デジタルであらわす画像と音

前節では、情報の入れ物としてのビットについて説明しました。このビットを使って画像や音を表現してみましょう。

🖻 画像のデジタル化

白黒画像

いま、白黒写真の色の濃淡をあらわすのに3ビットのデータを用いるとしましょう。3ビットは $2^3 = 8$ 種類のデータを表現できるので、図8.5の上の図のように、白から黒まで8段階の色をあらわすことができます。例えば白を「000」として「001」「010」「011」「100」「101」「110」の順に徐々に黒くなる灰色、「111」を黒とすればよいわけです。

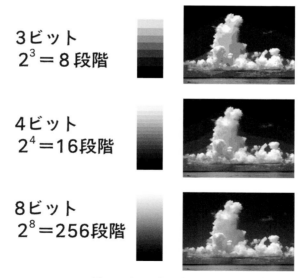

3ビット
$2^3 = 8$段階

4ビット
$2^4 = 16$段階

8ビット
$2^8 = 256$段階

図8.5　白黒画像のデジタル化

しかしながら、図8.5上の図では、とくに雲の部分の色が不自然に見えないでしょうか？　これは、白から黒までの8種類の色では濃淡の種類が少なすぎるためです。

そこで、もう少しビット数を増やしてみましょう。ビット数を3ビットから

4,5,6,7,8 ビットに増やすと、それぞれ 16,32,64,128,256 段階で白から黒まで
の色をあらわせるようになります。図8.5では、3ビットのほかに、4ビットと8ビッ
トの場合について写真を掲載してあります。3ビットのときは雲や空の色が不自然
に見えますが、ビット数を4ビットや8ビットに増やすと、より自然に見える濃淡
を徐々に表現できることがわかります。

　一方、図8.4のようにビットは情報の入れ物なので、ビット数（情報の入れ物）
が2倍に増えるとデータの大きさも2倍になります。8ビットのデータは4ビット
のデータの2倍のサイズになるのです。

● **ビットであらわされた画像の特徴**
　・ビット数が大きいほど自然な感じ
　・ビット数が大きいほどデータのサイズは大きくなる

カラー画像

　多くのCGソフトでは、第5章で紹介した光の三原色（赤、緑、青）で色をあら
わすことができます。例えば画像加工ソフトであるPhotoshop（フォトショップ）
には、画像の色を赤、緑、青のそれぞれの濃淡で調整するモードが用意されていま
す（図8.6）。

　図8.6のカラー設定画面では、RはRed（赤）、GはGreen（緑）、BはBlue（青）
をあらわしています。そしてRGBそれぞれについて、0から255までの256段階
で調整することができます。なぜ256段階かというと、8ビットであらわすことの
できるデータの種類が $2^8 = 256$ 種類だからです。

　図8.6のカラー設定画面は $(R, G, B) = (255, 0, 0)$ になっているので、赤色をあ
らわしています。もし $(R, G, B) = (0, 255, 0)$ であれば緑色、$(R, G, B) =$
$(0, 0, 255)$ であれば青色をあらわします。

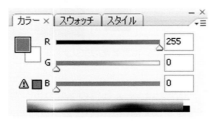

図8.6 Photoshopのカラー設定画面の例

　それでは、$(R, G, B) = (255, 255, 255)$ は何色をあらわすでしょうか？　第5章
で学んだように、赤、緑、青がすべてそろっているので白になります。では
$(R, G, B) = (255, 255, 0)$ は何色でしょう？　これは、赤と緑の光をすべて混ぜ
た色なので、黄になります。

　このように、第5章で学んだ知識とこの章で学んだデジタルの知識を使うと、画
像加工ソフトでいろいろな色を作ることができます。

● **確認してみよう1**
　$(R, G, B) = (0, 0, 0)$ は何色？
　答え：黒

● **確認してみよう2**
　$(R, G, B) = (160, 160, 160)$ は何色？
　答え：灰色

音のデジタル化

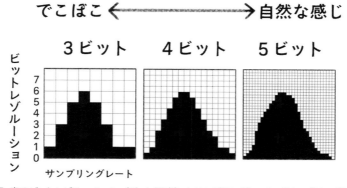

図8.7　音のビットレゾルーション（ビット深度）とサンプリングレート（サンプリング周波数）

　音のデジタル化でも、画像のデジタル化と同じように、ビット数が増えるにつれ
て元の音を細かく自然に表現することができます。図8.7は、3ビット、4ビット、
5ビットで音量をデジタル化したようすです。ビット数が多いほど、がくがくした
形が自然な波の形に近づいていくことがわかるでしょう。つまり、ビット数を大き
くすると一般に音質は向上します。

音をデジタル化するとき、通常は音量（図8.7の縦軸）と時間間隔（図8.7の横軸）をデジタル化します。

音量のデジタル化では「ビットレゾルーション」もしくは「ビット深度」という用語が使われます。例えば8ビットのビットレゾルーションといったら、音量を $2^8 = 256$ 段階に分けてあらわします。実際の音楽編集ソフトでは、8ビット、16ビット、24ビットなどで音量を編集できます。16ビットであれば $2^{16} = 65536$ 段階、24ビットであれば $2^{24} = 16777216$ 段階（1677万7216段階）の音量を表現することができます。

時間間隔のデジタル化では「サンプリングレート」もしくは「サンプリング周波数」という用語が使われます。図8.7の横軸のように、データをどれだけの時間間隔に区切るかをあらわしているのがサンプリングレートです。単位はHzを使います。例えば、1秒に1個の音であれば1 Hz のサンプリングレート、1秒に10個の音であれば10 Hz のサンプリングレートです。実際の音のデジタル化では、8 kHz 、44.1 kHz 、48 kHz などいろいろなサンプリングレートが使われます。

音のデジタル化の例として、例えば音楽用CDのサンプリングレートは44.1 kHz 、ビットレゾリューションは16ビットです。作品を作る際、サンプリングレートとビットレゾリューションをどの程度にするかはきちんと確認してから作るのが好ましいです。

8.5 16進法であらわしたデジタル色彩

　画像ソフトのPhotoshopでは、図8.6であらわした赤色を図8.8のようにあらわすこともできます。$(R, G, B) = (255, 0, 0)$ でなく、16進法を使って $(R, G, B) = (ff, 00, 00)$ となっているところに注目してください。表8.5で説明したように、16進法のFFは10進法に直すと255になります。$(R, G, B) = (ff, 00, 00)_{16進法}$ は $(255, 0, 0)_{10進法}$ なので、どちらも同じ赤色をあらわしています。

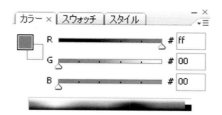

図8.8 Photoshopのカラー設定画面（16進法であらわした状態）

16進法であらわした Web カラー表

　16進法であらわした色の一覧を口絵の図3にのせました。この表では、$(R, G, B) = (ff, 00, 00)$ のことをFF0000とあらわしています。赤（R）、緑（G）、青（B）の順に、2ケタの16進法の数を並べているのです。したがって、FF0000は赤、00FF00は緑、0000FFは青をあらわします。このような色のあらわし方はWebページの色指定でもよく使われます。

　それではFFFFFFは何色をあらわすのでしょうか？　これは光の三原色の赤、緑、青がすべてそろっているので、白をあらわします。逆に000000は、赤、緑、青の光が何も含まれていないので、黒になります。555555やAAAAAAは、いずれも赤、緑、青の光の量が等しく、FFFFFF（白）と000000（黒）と黒の中間なので、灰色になっています。

　これらの16進法の表記と実際の色との対応を口絵の図3を見ながら確認し、Photoshopのような画像編集ソフトを使える場合はRGBの値をいろいろ変えて試しながら、デジタル色彩の感覚を身につけていきましょう。

● **確認してみよう1**
　FFFF00 は何色か？
　　答え：黄色

● **確認してみよう2**
　A0A0A0は何色か？
　　答え：灰色（16進法のA0は表8.5より10進法では160）

第 9 章

ベジエ曲線を使いこなす

　CGソフトでお絵かきしていると「ベジエ曲線」という曲線がしばしば出てきます。そもそもベジエ曲線とはいったい何なのでしょうか？　どうしてそんな曲線が必要なのでしょうか？

　デジカメ画像などはどんどん拡大するとぼやけてしまいます。しかし、じつはベジエ曲線などを使うと「画像をどんなに拡大してもぼやけずキレイ」というすばらしい性質があるのです（これはベクター画像の特徴の一つです）。

　この章では、CGソフトなどで使われるベジエ曲線を中心に学びます。

9.1 ベクター画像と ビットマップ（ラスタ）画像

ビットマップ画像

　皆さんはデジカメやデジカメ機能付きスマートフォンで撮影した写真をパソコン
で拡大してみたことはあるでしょうか？　写真をパソコンで拡大してみると、図9.1
左のようにおそらくだんだんギザギザした画像になっていくと思います。

　これはどうしてかというと、これらの画像では画像を「画素（ピクセル）」とい
う小さな四角形の集まりであらわしているからなのです。図9.1左のように遠くか
ら見ると円に見えますが、この円はたくさんの小さな四角形の集まりでできている
ので、大きくするとそのギザギザが目立ってしまうというわけです。このような画
像を「ビットマップ」画像（またはラスタ画像）といいます。

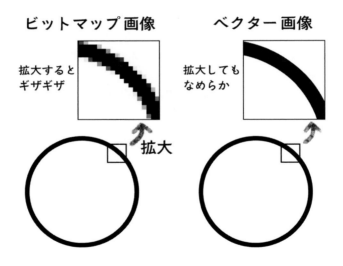

図9.1　ビットマップ画像とベクター画像

　ビットマップ画像では、「画素（ピクセル）」という小さな四角形の数が多ければ
多いほど細かいところまで画像を表現できます。デジカメも、630万画素とか
2110万画素とかいろいろありますが、当然画素数が大きいほど、細かいところま
できちんと撮影できるというわけです。

　このビットマップ画像には拡大するとギザギザになるという欠点以外にも欠点があります。それは膨大な画素の集まりで画像をあらわすので、データ量が膨大になり、ファイルサイズが大きくなってしまうことです。

🖱 ベクター画像

　しかし、世の中には図9.1右のような「ベクター」画像（またはベクタ画像）と呼ばれる画像もあります。この画像は驚くことにどんなに拡大しても全然ギザギザにならず、なめらかなままなのです。それにもかかわらず、ファイルサイズは大きくありません。どうして小さなファイルサイズでどんなに拡大してもギザギザにならないのでしょう？

　そのひみつは簡単です。たくさんの画素で画像を作るのではなく、いろいろな形を簡単な計算式、いくつかの点のデータ、色、太さなど、何らかのまとまった情報を使って表現しているのです。そのため、少ないデータできれいな形が描けるのです。

　例をあげましょう。離れた2点A,Bを結ぶ線を描くとき、画素であらわすとすると、図9.2上図のようにたくさんの画素の情報をファイルに書き込まなくてはなりません。

　しかし、たくさんの画素の情報をファイルに書き込む代わりに、

「離れた2点A,Bの位置を記録し、点A、点Bを太さ〇ptの黒い線分で結ぶ」

という情報だけをファイルに書き込んでおいてもいいのです。このようにして描かれた図が図9.2の下の図です。

ビットマップ画像
ピクセル（四角形）をたくさん描いて線を表現

ベクター画像
AB間を線分で結ぶ

図9.2　ビットマップ画像、ベクター画像における線分のあらわし方

　こうしておけば、コンピューターはどんなに拡大しても離れた2点A,Bを黒い線分で結んでくれます。しかも、大きな絵になってもファイルサイズが膨大になるということはありません。変更も簡単で、画像編集ソフトを使えば図9.2下図を「△ptの赤い線分で結ぶ」と簡単に変更することもできます。このように図形を式などの何らかのまとまった情報であらわして保存する画像を「ベクター」画像と呼んでいます。ベクター画像では少ないデータで図形を表現できます。

　この考え方を使えば線以外にも、例えば「点A,B,Cを通る正三角形」や「点Aを中心とした半径1の円」という情報をファイルに書き込むなどとすることもできます。図9.1右の図の拡大してもキレイな円は、画素の集まりで円をあらわしておらず、「半径○○の円を描く」という情報をファイルに書き込んでいるので拡大してもギザギザにならないのです。

　Illustratorなどのいろいろな描画ソフトでは楕円、長方形、多角形、直線の一部（線分）、星形などさまざまな図形をベクター画像として描けるようになっています。

基本的な図形をつなげるポリライン

　ベクター画像で作れる図形の一つに、ポリラインと呼ばれる図形があります。polyは「複数の」という意味なので直訳すると複数の線ですが、CADなどの分野ではポリラインは複数の線分や円の一部をつなげて作られる図形を意味します。

図9.3　円の一部と線分で作られたポリライン

　例えば，図9.3は線分と円弧をつなぎ合わせて作成した図形です。建築やプロダクトデザインの分野は線分や円の一部などのポリラインで作成できる比較的単純な形状でできているものをしばしば扱うので、ポリラインは大変便利であると考えられます。

⬛ ベクター画像の曲線

　しかしながら、線分や円の一部をつなぎ合わせるだけでは作ることが困難な形もあります。特に猫などの動物他、自然の様々な形を円と線分だけであらわすのは困難です。そこでCGの世界では、多くの形は円ではない「曲線」を使って作られます。例えばCGで使われる曲線の中にはスプライン曲線、Bスプライン曲線、ベジエ曲線などいろいろの曲線があります。その中でも最も有名な曲線はベジエ曲線です。ベジエ曲線は図9.4のような形をしています。図9.4のベジエ曲線は一見複雑そうに見えますが、じつはたった4点のデータだけで描くことができます。たくさんの画素データで曲線を描いているわけではないのでファイルサイズは小さくてすむのです。多くのCGソフトではこの「ベジエ曲線」が描けるようになっています。

図9.4　ベジエ曲線

　しかし、このベジエ曲線がうまく使いこなせずに悪戦苦闘している人も多いのではないでしょうか？　そこでまずベクター画像の形をいくつか学び、その後ベジエ曲線にはどのような特徴があるのかを紹介していきます。しっかりと基本を押さえてベジエ曲線を使いこなせるようにしましょう。

9.2 いろいろな曲線を式であらわす

　ベクター画像ではいくつかの点を与えたとき、それらの点と数式を用いて直線や曲線を描くことが多いです。ここでは代表的な数式を紹介します。

■ 1次関数と折れ線

　曲線の前に、まず直線を式であらわすことからはじめましょう。直線は $y = -x$ とか $y = -3x + 4$ など $y = ax + b$ という形であらわされます。x を1回かけた式であらわされます。

　図9.5左に3点 $(-1, 1), (0, 0), (1, 1)$ の間を直線の一部である線分で結んだ図をのせました。この線分の一部を組み合わせて作られた折れ線は $y = -x$ と $y = x$ という二つの式で描けることがわかります。この折れ線は先ほどのポリラインの一種です。人間が作るプロダクトデザインや建築物のデザインにはこの折れ線であらわされるものもたくさんあります。

　しかしながら、折れ線の図の特徴として、**折れ線で描かれた図はなめらかではない**という特徴があります。なめらかな曲線を作成するにはどうすればよいでしょう？

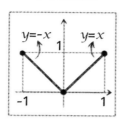
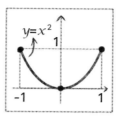

図9.5　1次関数の図形と2次関数の図形

なめらかな曲線、2次関数

　中学校などで、2次関数 $y = x^2$ を学んだ人も多いと思います。放物線ともいいます。そこで、なめらかな曲線の候補として2次関数を調べてみましょう。先ほどの3点 $(-1, 1), (0, 0), (1, 1)$ を単純な線分で結ぶ代わりに、$y = x^2$ を使うと、図9.5右のようになめらかな曲線で3点が結ばれることがわかります。

　このように、1次関数（x を1回かけた式を含む）$y = x$ よりも2次関数 $y = x^2$（x を2回かけた式を含む）の方がなめらかでより複雑な曲線をあらわせることがわかります。

より複雑な曲線、3次関数

　1次関数を使うと折れ線を描くことができ、2次関数にするとなめらかな曲線が描けることがわかりました。それでは、3次関数にするとどうなるでしょうか？じつは3次関数は2次関数よりもさらに複雑な曲線を描くことができるのです。

　図9.6右に3次関数の例 $y = x^3 - x$ のグラフをのせました。

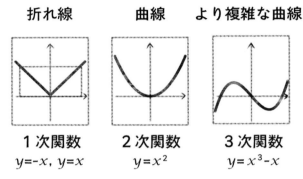

図9.6　いろいろな関数

　図9.6より確かに1次関数、2次関数よりもさらに複雑な曲線が3次関数で描けるということがわかります。このように、一般に x をかける回数が多くなるごとにより複雑な曲線を描くことができるのです。CGソフトの曲線の多くはこのような x の2次関数や3次関数[*1]を使って曲線を描いていきます。例えば先に挙げた図9.4のベジエ曲線もある3次関数を使って描かれています[*2]。また、文字のフォントも2次関数や3次関数で作られています。

[*1]　実際には2次、3次のパラメータ表示。

[*2]　2次のベジエ曲線もある。

9.3 3次関数で作られるいろいろな曲線

ここではCGなどの世界で使われているいくつかの有名な3次関数の曲線を紹介します。

スプライン曲線

3次関数には $y = x^3 - x$ 以外にも当然 $y = x^3$ とかいろいろな関数があります。3次関数を使って作られるなめらかな曲線の有名な例に、スプライン曲線があります。スプライン曲線には2次関数であらわされるもの、3次関数であらわされるものなどいろいろありますが、最もよく使われるのは3次関数であらわされるスプライン曲線です。また、スプライン曲線の特徴の一つは、曲線がなめらかにつながりやすいことです[*3]。

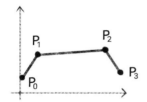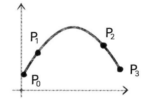

$P_0 P_1 P_2 P_3$ で作られる折れ線 　　　$P_0 P_1 P_2 P_3$ で作られるスプライン曲線

図9.7 折れ線とスプライン曲線

図9.7には P_0, P_1, P_2, P_3 の4点と、それら4点を通る図形としてそれぞれ折れ線と3次関数で作られたスプライン曲線をのせました。スプライン曲線は確かに「なめらかな曲線」になっていますね。このスプライン曲線は自然科学の分野などで使われます。

また、スプライン曲線と折れ線はある特徴があります。それは、

スプライン曲線と折れ線では与えられた点 P_0, P_1, P_2, P_3 を通っている

ということです。当たり前とおもうかもしれません。でもじつはその制約をはずすとあの有名な「ベジエ曲線」が出てくるのです。

[*3]　正確にはスプライン曲線はある階数までの導関数を連続にした曲線。

ベジエ曲線

　いよいよアート系の学生必須のベジエ曲線です。ベジエ曲線も9.3節の【発展】で具体的な式を紹介しますが、ある2次関数や3次関数と似た式を使っています。3次関数と似た式を使うベジエ曲線を3次のベジエ曲線といいます。

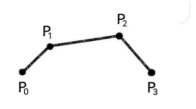 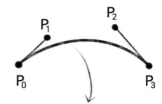

$P_0 P_1 P_2 P_3$で作られる折れ線　　　$P_0 P_1 P_2 P_3$で作られるベジエ曲線

図9.8　折れ線とベジエ曲線

　図9.8には P_0, P_1, P_2, P_3 の4点を通る折れ線と、 P_0, P_1, P_2, P_3 で決まるベジエ曲線をのせました。ここで、 P_0 , P_3 を通る太い曲線がベジエ曲線です。

　ここで線分 $P_0 P_1$ 、線分 $P_2 P_3$ はベジエ曲線ではありません（線分 $P_0 P_1$ 、線分 $P_2 P_3$ を書いた理由はすぐにわかります）。つまり、ベジエ曲線は P_0, P_3 は通りますが、 P_1, P_2 は必ずしも通っていないことがわかります。

　一見すると、なんでこんな曲線を使うのとおもうかもしれません。しかしながら、このベジエ曲線にはこれから説明するある極めて重要な性質があります。

　それは、図9.8の線分 $P_0 P_1$ ならびに線分 $P_2 P_3$ はベジエ曲線に接しているという極めて重要な性質です。線分 $P_0 P_1$ 、線分 $P_2 P_3$ をベジエ曲線の接線とみなし（「方向線」などと呼びます）、 P_0 , P_3 をベジエ曲線の端の点とみなせば直感的にもわかりやすくなるのです。この端の点はアンカーポイント（アンカーは船を海で固定するためのの「いかり」という意味です）などと呼ばれています。

方向線はベジエ曲線に接している

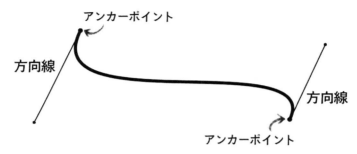

図9.9　ベジエ曲線

　まとめとして図9.9にアンカーポイント、方向線を書き込んだベジエ曲線をのせました。わかりやすくなりましたね。ベジエ曲線の重要な性質を再度まとめると

● ベジエ曲線の特徴

　　　　　方向線はベジエ曲線に接している

ということです。このことをいつも頭に入れて曲線を描けば、ベジエ曲線で比較的直感どおりに曲線が描けるのです。3次のベジエ曲線はアドビシステムズが開発したPostScriptフォントでも使われています。また、2次関数を使ったベジエ曲線は2次のベジエ曲線といい、アップルが開発したTrueTypeフォントなどで使われています。また、TrueTypeフォントとPostScriptフォントを統合したOpenTypeフォントもあります。

　このように非常に直感的にわかりやすいベジエ曲線ですが、このベジエ曲線にも欠点があります。ベジエ曲線で絵を描いたことがある多くの人が経験したことがあると思いますが、ベジエ曲線はあるところでちょこっと方向線を変えるだけでベジエ曲線がガラッと大きく変わってしまうことがあります。つまり、「微調整が難しい」のです。

　そこで、微調整がしやすい（ガラッと曲線が変わりにくい）Bスプライン曲線という別の曲線を使って曲線を描くソフトなどもあります。

🔲 ベジエ・クイズ
クイズ

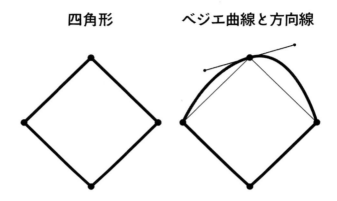

四角形　　　　　　ベジエ曲線と方向線

図9.10　円を作るにはどのような方向線を描けばよい?

　ベジエ曲線はしばしばCGで使うので、クイズに挑戦してベジエ曲線を身につけてしまいましょう。いま、図9.10の左図のように四つの点で作られた四角形があります。そして図9.10の右図では四角形に対して、一つの点に方向線を加えてベジエ曲線が描かれています。

　四角形の4つの点に方向線を描いてベジエ曲線の円を作るには、4つの点にどのような方向線を描けば良いでしょう?　答えは次のページにあります。

答え

「方向線にベジエ曲線が接していること」に注目します。図のように同じ長さの方向線を引き、方向線の長さを調整すればおおまかな円ができます。CGソフトを持っている人は実際に確かめてみましょう。

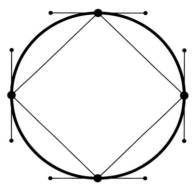

図9.11 円を作るベジエ曲線

📘【発展】ベジエ曲線の式

ここでは具体的なベジエ曲線の求め方（3次の場合）とその式を紹介します。

ただし、高校数学を前提としているので、難しいと感じるかたはここを読み飛ばしても構いません。

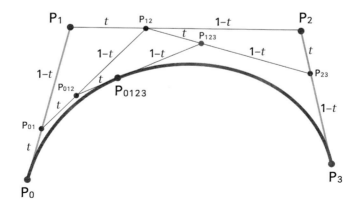

図9.12 ベジエ曲線を定義する図

　3次のベジエ曲線は図9.12のように四つの点 P_0, P_1, P_2, P_3 から以下のように
して作られます。まず、4点 P_0, P_1, P_2, P_3 について、線分 P_0P_1, P_1P_2, P_2P_3
をそれぞれ $t : (1-t)$ に内分する点を図9.12のようにそれぞれ P_{01}, P_{12}, P_{23} と
します。ここで $t : (1-t)$ に内分する点を計算するために、例えば $\overrightarrow{OP_{01}}$ が O を
原点として

$$\overrightarrow{OP_{01}} = \overrightarrow{OP_0} + t\overrightarrow{P_0P_1}$$
$$= \overrightarrow{OP_0} + t(\overrightarrow{OP_1} - \overrightarrow{OP_0})$$
$$= (1-t)\overrightarrow{OP_0} + t\overrightarrow{OP_1} \tag{9.1}$$

となることを使いましょう。このとき、式（9.1）より $t=0$ で $\overrightarrow{OP_{01}} = \overrightarrow{OP_0}$、
$t=1$ で $\overrightarrow{OP_{01}} = \overrightarrow{OP_1}$ となることが確認できます。これで $t : (1-t)$ に内分する
点を計算する式が求まったので[*4]、以下同様にすれば、点 P_{01}, P_{12}, P_{23} はベクト
ルを用いて

$$\overrightarrow{OP_{01}} = (1-t)\overrightarrow{OP_0} + t\overrightarrow{OP_1} \tag{9.2}$$

$$\overrightarrow{OP_{12}} = (1-t)\overrightarrow{OP_1} + t\overrightarrow{OP_2} \tag{9.3}$$

$$\overrightarrow{OP_{23}} = (1-t)\overrightarrow{OP_2} + t\overrightarrow{OP_3} \tag{9.4}$$

と求まります。次に図9.12で線分 $P_{01}P_{12}$、線分 $P_{12}P_{23}$ をそれぞれ $t : (1-t)$ に
内分する点を図9.12のように P_{012}, P_{123} とすると、これらの点も同様にして

$$\overrightarrow{OP_{012}} = (1-t)\overrightarrow{OP_{01}} + t\overrightarrow{OP_{12}} \tag{9.5}$$

$$\overrightarrow{OP_{123}} = (1-t)\overrightarrow{OP_{12}} + t\overrightarrow{OP_{23}} \tag{9.6}$$

と求まります。さらに線分 $P_{012}P_{123}$ を $t : (1-t)$ に内分する点を図9.12のように
P_{0123} とすると、点 P_{0123} も同様にして、

$$\overrightarrow{OP_{0123}} = (1-t)\overrightarrow{OP_{012}} + t\overrightarrow{OP_{123}} \tag{9.7}$$

と求まります。式（9.7）は式（9.2）から式（9.6）を用いると以下のとおり計算
できて、

[*4]　ベクトルを学んだ人は内分点の公式として学んでいるかもしれないが、復習として説明し
た。

$$\overrightarrow{OP_{0123}} = (1-t)\overrightarrow{OP_{012}} + t\overrightarrow{OP_{123}}$$

$$= (1-t)\left\{(1-t)\overrightarrow{OP_{01}} + t\overrightarrow{OP_{12}}\right\} + t\left\{(1-t)\overrightarrow{OP_{12}} + t\overrightarrow{OP_{23}}\right\}$$

$$= (1-t)\left[(1-t)\left\{(1-t)\overrightarrow{OP_0} + t\overrightarrow{OP_1}\right\} + t\left\{(1-t)\overrightarrow{OP_1} + t\overrightarrow{OP_2}\right\}\right]$$

$$+ t\left[(1-t)\left\{(1-t)\overrightarrow{OP_1} + t\overrightarrow{OP_2}\right\} + t\left\{(1-t)\overrightarrow{OP_2} + t\overrightarrow{OP_3}\right\}\right]$$

$$= (1-t)^3\overrightarrow{OP_0} + 3t(1-t)^2\overrightarrow{OP_1} + 3t^2(1-t)\overrightarrow{OP_2} + t^3\overrightarrow{OP_3} \tag{9.8}$$

となります。式 (9.8) より $\overrightarrow{OP_{0123}}$ は t を0と置くと $\overrightarrow{OP_0}$ になり、t を1と置くと $\overrightarrow{OP_3}$ になります。さらに t を0から1まで動かすと、$\overrightarrow{OP_{0123}}$ は t の3次式であらわされ、図9.12の P_0 から P_3 までの太線上を動きます。これがベジエ曲線です。

　次に3次のベジエ曲線は方向線に接することを示しましょう。ベジエ曲線上の点 $\overrightarrow{OP_{0123}}$ を求める式 (9.8) を変形すると

$$\overrightarrow{OP_{0123}} = (1-3t)\overrightarrow{OP_0} + 3t\overrightarrow{OP_1} + (t \text{ の } 2 \text{ 乗及び } 3 \text{ 乗の項}) \tag{9.9}$$

となります。よって $3t \to 0$ の極限では t の2乗及び3乗の項は無視できるので、$\overrightarrow{OP_{0123}}$ は P_0P_1 を $3t : (1-3t)$ に内分する点になります。すなわち点 P_{0123} は方向線 $\overline{P_0P_1}$ 上の点になるので、方向線 P_0P_1 はベジエ曲線に接します。

　同様に $t \to 1$ の極限では、$s = 1-t$ と置けば $s \to 0$ の極限となり、式 (9.8) は

$$\overrightarrow{OP_{0123}} = s^3\overrightarrow{OP_0} + 3(1-s)s^2\overrightarrow{OP_1} + 3(1-s)^2s\overrightarrow{OP_2} + (1-s)^3\overrightarrow{OP_3}$$

$$= (1-3s)\overrightarrow{OP_3} + 3s\overrightarrow{OP_2} + (s \text{ の } 2 \text{ 乗及び } 3 \text{ 乗の式}) \tag{9.10}$$

となるので、同様にして $3s \to 0$ の極限で点 P_{0123} は方向線 P_3P_2 上の点になるので方向線はベジエ曲線に接します。よって3次のベジエ曲線は方向線に接することが示されました。

9.4 3D CGにおけるいろいろな曲面

　これまでは平面の形に使われる直線の一部（線分）や曲線を説明してきましたが、ここでは3D CGで使われるいくつかの形を紹介します。

ポリゴン

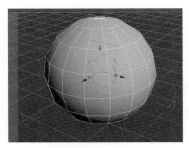

図9.13　shadeで作成したポリゴンの集まりで作られた球

　3D CGでは立体を作るのに多角形の面を使って立体をあらわすことがしばしばあります。多角形は三角形や四角形が多いです。この多角形の面をポリゴンといいます。

　図9.13はポリゴンで作成した球です。球を四角形の集まりで表現しています。一般に細かい曲がった形状を表現しようとすると、小さいたくさんのポリゴンが必要になります。ポリゴンの数が少ない方がデータは軽くなりますが、不自然な感じになる傾向があります。

NURBS曲面

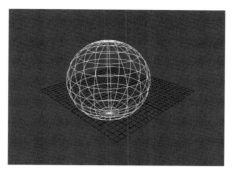

図9.14　Mayaで作成したNURBS曲面

　3D CGで使われる曲面として例えばベジエ曲面、NURBS曲面などが知られています。図9.14にはMayaで作成したNURBS曲面で作られた球面の絵をのせました。このような曲面を使えば、ベジエ曲線のときと同様に少ないデータでいろいろな立体が作れます。

第 **10** 章

写真加工とトーンカーブ

　画像ソフトには、デジタル写真の明暗を細かく調整できる「トーンカーブ」という機能がついています。この章では、このトーンカーブをばっちり使いこなせるようになることを目指します。

　例えば、オリジナルの写真では天の川やオーロラがうっすらとしか見えていなくても、トーンカーブを使って満天の明るく輝く天の川の写真や鮮やかなオーロラの写真にできるかもしれません。普通の風景写真も、トーンカーブによって部分的にコントラストを高くすると写真の印象が大きく変わります。

10.1 明るさ、コントラストとは?

　この章で紹介するトーンカーブは、デジタル写真[1]の明るさやコントラストなどが細かく調整できる機能です。そこで、まずは写真の明るさとコントラストについて学びましょう。

明るさ

　図10.1の海と雲の写真の画像の明るさを調べてみましょう。画像の明るさを調べるには、Photoshopであれば「レベル補正」という機能を使います。Photoshopのメニューから［イメージ］→［色調補正］→［レベル補正］をクリックすると、図10.1のようなグラフが出てきます。

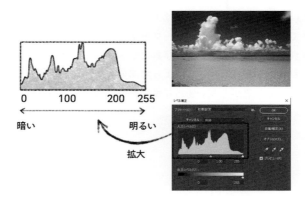

図10.1　画像の明るさと画素分布

---

*1　以下、写真といったらデジタル写真をあらわすものとする。

　図10.1のグラフは、画像に含まれている画素の明るさ分布をあらわすものです。グラフの横軸は画像の明るさを数字であらわしたもので、真っ暗を意味する「0」(左)から最も明るい「255」(右)まであります*²。グラフのたて軸は、その明るさに対応する画素の数です。図10.1の海と雲の写真では、明るい画素(雲など)から暗い画素(地平線、空など)まで、比較的まんべんなく分布しているといえます。

　それでは、全体に明るい画像や暗い画像は、どのような画素の明るさ分布になるでしょうか?　「0」がいちばん暗く、「255」がいちばん明るいのですから、図10.2のように暗い画像ではグラフの左側に画素が偏り、明るい画像ではグラフの右側に画素が偏ります。

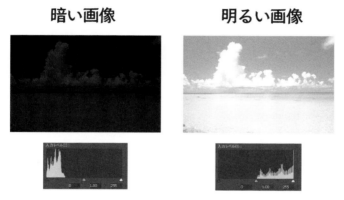

図10.2 明るい画像と暗い画像の画素の明るさ分布

▣ コントラスト

　コントラストとは「最も暗いところと最も明るいところの比」のことです。白黒の場合、直感的には白黒のメリハリだと考えればいいでしょう。コントラストが高いほど黒はより黒く白はより白い状態です。

　コントラストが低いと、暗い部分と明るい部分との明るさの違いがあいまいになってきます。図10.3は、図10.1の写真のコントラストを低くしたものとコントラストを高くしたものです。

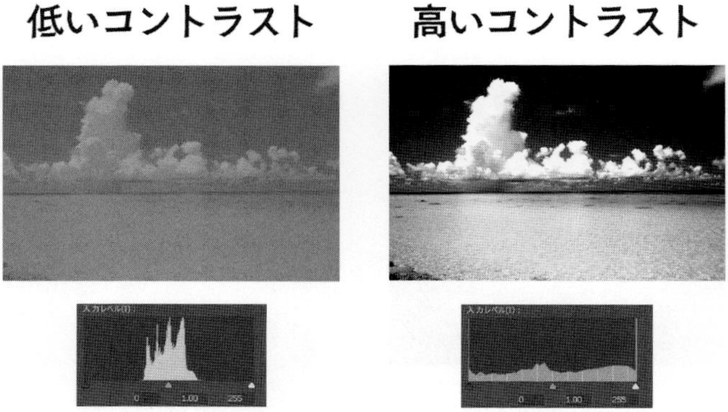

図10.3　低コントラスト画像と高コントラスト画像

　明るさを「0」から「255」までの値であらわした場合、明るいところと暗いところの差でおおまかにコントラストを見積もることができます[*3]。

　コントラストを低くした写真の明るさ分布は、図10.3左のように「0」から「255」まで全体にわたって分布していません。中くらいの明るさのあたりにのみ分布しています。逆にいうと、元の写真の明るさ分布の範囲を狭くすれば、暗い部分と明るい部分の比が小さくなってコントラストが低い写真になります。

　一方コントラストを高くするには、元の写真の明るさ分布を全体にまんべんなく広げればいいということです。

　次の節で、コントラストを変える具体的な方法を紹介します。

---

　*3　コントラストの定義にはいろいろあるが、よく使われる Michelson のコントラスト

$$\frac{最も明るい明るさ - 最も暗い明るさ}{最も明るい明るさ + 最も暗い明るさ}$$

　　を考慮すると、おおまかには比でなく差でもコントラストを見積もることができる。

10.2 トーンカーブの使い方

🖱 トーンカーブ

　それでは実際にPhotoshopのトーンカーブを使って写真の明るさやコントラストを変える方法を紹介します。Photoshopでは、メニューから［イメージ］→［色調補正］→［トーンカーブ］を選ぶとトーンカーブの設定画面が出てきます（図10.4）。斜めの線がトーンカーブです（まっすぐですが"カーブ"と呼びます）。

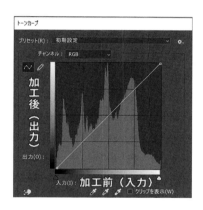

図10.4 トーンカーブ

　グラフのよこ軸（入力）は加工前の元画像の明るさで、たて軸（出力）は加工後の明るさです。つまりトーンカーブは加工前の元画像の明るさと加工後の画像の明るさの関係をあらわしています。最初は図10.4のように原点から右上に向かって直線が描かれています。

● トーンカーブ
よこ軸　　加工前の元画像の明るさ（0〜255）
たて軸　　加工後の画像の明るさ（0〜255）
トーンカーブで加工前画像の明るさと加工後画像の明るさの関係をあらわしている。

　それではいくつかの場合についてトーンカーブを調べてみましょう。

📷 画像を何も加工しないときのトーンカーブ

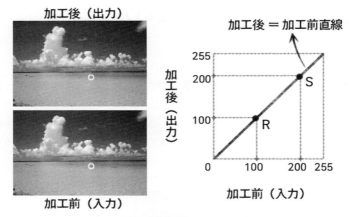

図10.5　そのままの画像のトーンカーブ（太線）

　図10.5には、写真を何も加工しないときのトーンカーブ（太線）と加工前、加工後の写真をのせました。図10.5のグラフは図10.4をイラスト化したものです。

　何も加工しないのですから、当然、加工前の画像の明るさと加工後の画像の明るさはすべて同じです。つまり「加工後の明るさの値＝加工前の明るさの値」です。

　例えば、図10.5の左図で白丸のなかの明るさの値は加工前（左下図）も加工後（左上図）も同じで100でした。これは図10.5右のグラフでは（加工前の明るさの値，加工後の明るさの値）＝ R(100, 100) に対応しているのです。グラフには点 S(200, 200) も示していますが、これは加工前に明るさが200だった画素が加工後も明るさが200であることを意味しています。

　ここで、加工後の明るさをたて軸、加工前の明るさをよこ軸にとっているので、「加工後（の明るさ）＝加工前（の明るさ）」は直線になります。本書ではこの直線を「加工後＝加工前直線」と便宜上呼ぶことにしましょう。すると加工後と加工前の明るさが等しい点R、点Sはどちらも「加工後＝加工前直線」上にあります。また、加工後と加工前の明るさの値が同じなので、直線の傾き ＝ $\dfrac{\text{加工後の明るさの値}}{\text{加工前の明るさの値}}$ ＝ 1 です。つまりトーンカーブは傾き1の直線（加工後＝加工前直線）になっています。

　まとめると、

画像を何も加工しないときのトーンカーブは原点を通る傾き1の直線
（加工後＝加工前直線）

となります。

　これは別のいい方をすれば、トーンカーブのグラフが図10.5の直線ではないとき、元の画像とは異なる明るさの画像になるということです。トーンカーブを変えると明るさはどのように変化するのか、以下具体的に説明します。

☐ 元の画像より明るい画像を作るトーンカーブ

　元の画像よりも明るい画像を作るトーンカーブを考えてみましょう。

　図10.6において、加工前の明るさが100の部分を考えます。加工後の明るさを加工前より明るくするには、加工前の明るさが100の部分の明るさを加工後は100よりも大きな値、例えば200とかにしてやればよいのです。これは図10.6でいうと点P(100,200)になります。

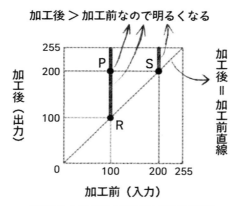

図10.6　元の画像より明るい画像のグラフ

　さて、ここで図10.6をよく見てください。点Pは点R(100,100)よりグラフでは上側にあります。点Pに限らず、点Rより上側の太い線の上の点は、加工後の明るさの値が加工前の明るさ（100）よりも大きい点になっています。つまり、

点Rより上側にある点は加工前より明るい

ことを意味しています。点Sでも同様に点Sより上側の太い線上の点では加工前より明るくなるといえます。同じことは、原点を通る傾き1の直線上のすべての点についていえます。つまり、

「加工後＝加工前直線」の上側に点があると 加工前より明るくなる

ということです。逆に、「加工後＝加工前直線」の下側に点があると、加工前より
も暗くなります。

　以上をまとめると、

● **明るい画像**

　「加工後＝加工前直線」の上側

● **暗い画像**

　「加工後＝加工前直線」の下側

となります。

　実際に画像を明るくするトーンカーブの例が図10.7です。図10.7では、「加工後
＝ 加工前直線」よりも上側のグレーになっている部分にトーンカーブを描いて、
加工後の写真を明るい画像になるようにしています。

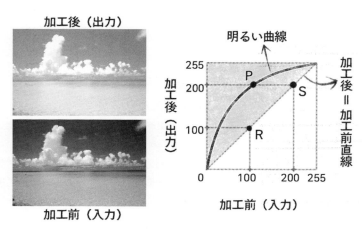

図10.7　元の画像より明るい画像のトーンカーブ（太い曲線）

　図10.7のトーンカーブは、いちばん明るいところ（255）と暗いところ（0）だ
けはそのままですが、残りの部分（1〜254の明るさ）はすべて元の画像よりも明
るくなるトーンカーブです。図10.7のようなトーンカーブをよく「中間調を明る
くする」トーンカーブといいます。

コントラストを調整するトーンカーブ

　トーンカーブを使ってコントラストを調整することもできます。明るいところと暗いところの差でおおまかにコントラストを見積もります。まずはコントラストが低い画像を作ってみましょう。

　コントラストが低い画像を作るためには、明るいところと暗いところの明るさの差を小さくすればよいのです。図10.1の海と雲の写真は、最も暗いところが0で最も明るいところが255になっていました。つまりこの画像では、最も明るいところと暗いところの差が255になっています。

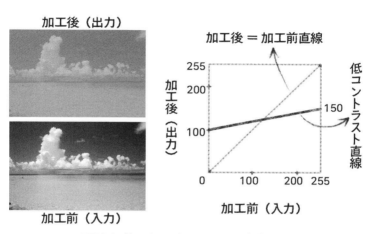

図10.8　低コントラストのトーンカーブ（太線）

　これを、最も暗いところを0から100に、最も明るいところを255から150に変更すれば、明るいところと暗いところの差が $150 - 100 = 50$ と小さくなるので、結果としてコントラストが低くなります。

　トーンカーブで加工後の最も暗い部分を100にするには、図10.8でいちばん左端を $(0,0)$ から $(0,100)$ にすればいいですね。同様に、加工後の最も明るい部分を150にするには、いちばん右端を $(255,255)$ から $(255,150)$ にします。全体としては図10.8の右側のようなトーンカーブにすれば、加工後の明るいところと暗いところの差が $150-100=50$ になります。

　このとき、この図10.8からわかるように、加工後の明るさの範囲を小さくすることは、トーンカーブ上ではグラフの傾きを小さくすることを意味します。つまり、コントラストを低くするためにはグラフの傾きを小さくすればよいのです。

　逆にコントラストを高くするためには、トーンカーブのグラフの傾きを大きくします。まとめると、トーンカーブとコントラストには次のような関係があります。

● **コントラスト低**
　トーンカーブの傾きを小さくする

● **コントラスト高**
　トーンカーブの傾きを大きくする

　ちなみにコントラストについては

● **コントラスト低**
　やわらかい印象

● **コントラスト高**
　メリハリのある硬い印象

を与えることができます。

⬛ トーンカーブのより詳しい説明

例1

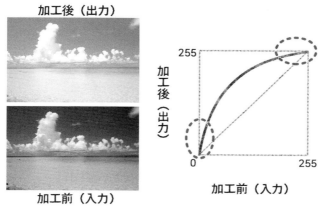

図10.9　中間調を明るくするトーンカーブ

　トーンカーブの基本を学んだので、もう少し詳しくトーンカーブを学びましょう。まず、図10.9にはさきほど出てきた中間調を明るくするトーンカーブをのせました。

　このトーンカーブは確かに中間の明るさを明るくし、明るさが0または255の明るさはそのままにするトーンカーブです。しかしそれだけではありません。画像の明るい部分、つまり点線のよこ長楕円付近のトーンカーブは元の「加工後＝加工前直線」の傾きより小さくなっています。つまり、この部分ではコントラストが低くなっています。

　一方で画像の暗い部分、つまり点線のたて長楕円付近のトーンカーブは元の「加工後＝加工前直線」の傾きより大きくなっています。つまり、この部分ではコントラストが高くなっています。

　つまり中間調を明るくするトーンカーブは中間の明るさを明るくするだけでなく、暗い部分はコントラストを上げ、明るい部分はコントラストを下げるのです。つまり、明るい部分についてはやわらかい印象を与え、暗い部分はメリハリのある硬い印象を与える効果があります。

例2

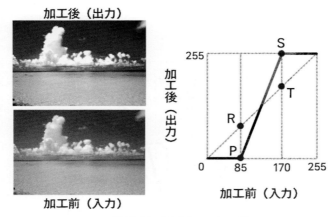

図10.10　どんなトーンカーブ？

　それではこの図10.10のトーンカーブはどんなトーンカーブでしょう？　トーンカーブを見ると、まず「加工後＝加工前直線」上の点Rが点Pにきていることからもわかるように、加工前の明るさ0から85の点は加工後すべて明るさ0になっています。また、加工前の明るさ170から225の点は加工後すべて明るさ255になっています。そして加工前の明るさ85から170のトーンカーブは傾きが急になっているのでこの部分でコントラストが高くなっていることがわかります。

　つまり、ざっくりいうと暗い部分は明るさ0に、明るい部分は明るさ255にして中間部分のコントラストを上げて硬い印象にしています。

　以上、二つの事例を紹介しました。トーンカーブは画像全体の明るさやコントラストを変更するのではなく、中間調を明るくしたり、暗い部分はコントラストを上げて明るい部分はコントラストを下げるなど、明るさやコントラストを部分的に細かく調整ができるのです。

10.3 トーンカーブで満天の星空の写真を作ろう

　トーンカーブを使って満天の星空の写真を作りましょう。口絵の図4の左側（加工前）は天の川を撮った写真なのですが、このままではほとんど天の川が見えません。そこでこの写真を、トーンカーブを使って図4の右側（加工後）のように加工してみましょう。まず、口絵の図4の左上の写真は、画素の明るさ分布が図10.11のようになっています。

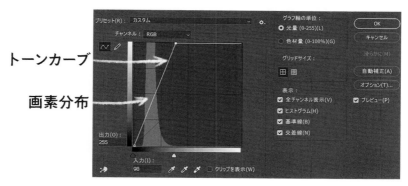

図10.11　天体写真のためのトーンカーブ

　天体写真ということもあり、暗い部分に画素の分布が偏っているのがわかります。そこで図10.11のようにトーンカーブの傾きを大きくして、全体のコントラストを高めます。さらに、トーンカーブの真ん中あたりも少し調整して、星が明るすぎたり背景が明るすぎたりしないように調整します。たったこれだけの作業で、図4の左上の写真が右上の写真のような天体写真に変わります。

　なお、口絵の図4の右下の写真は、左下の写真を同じようにトーンカーブで加工したあと、色合いを少し青っぽく、かつ少しだけ赤みを加えたものです（ここでは色合いを調整する具体的な方法は説明しません）。

🔘 トーンカーブクイズ

クイズ

　図10.12の左側の写真を、トーンカーブを使って右側のAとBのような写真に加工したいとします。それぞれどのようなトーンカーブにすればよいでしょうか？

　ちなみに、Aはネガフィルムのように白黒を反転した状態です。Bはオーロラや星がはっきり見えるようにコントラストや明るさを調整しています。

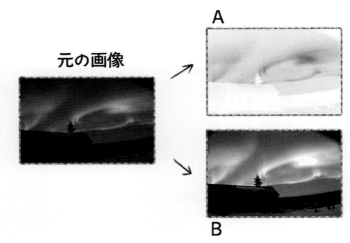

図10.12　どうすればAやBの画像になる？

答え

　それぞれ、図10.13のようなトーンカーブで元の写真を加工します。

　Aは白黒を反転させるのですから、暗い部分を明るく、明るい部分を暗くしてやります。

　Bは、図のようなトーンカーブにしてコントラストを高くし、かつ明るくしてやります。

Aのトーンカーブ

Bのトーンカーブ

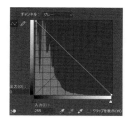 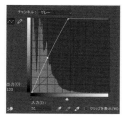

図10.13　トーンカーブクイズの答え

デジカメで簡単に天の川の写真を撮ろう

　一昔前は天体写真を撮ろうとすると大変な手間がかかりましたが、いまやデジカメの普及によりいとも簡単に天体写真が撮れるようになりました。

デジカメ

一眼レフデジカメ

図10.14　コンパクトデジカメと一眼レフデジカメで撮影した南十字星と天の川（著者撮影）

　ここでは簡単で手軽な天体写真撮影方法を説明します。

露出時間

　夜空はとても暗いので天体写真を撮るためには、露出時間を長くします。少なくとも10秒とか数10秒は必要でしょう。たいてい一眼レフデジカメはマニュアル撮影モードにすれば露出時間を調整できます。数万円のコンパクトデジカメでも露出時間を調整できるものがあります。ただしあまり露出時間を長くすると、地球が自転しているため、写真では星が流れた状態で写ってしまいます。例えば焦点距離50 mmのレンズで30秒の露出時間にして撮影するだけでも星が動いて写ってしまいます。そこで天体写真を撮るためには、星の動きが目立たないように撮影する必要があるのです。

レンズの焦点距離

　解決方法の一つは、焦点距離の小さな広角のレンズを使うことです。広角のレンズを使うと、星が動いても広角なので、あまり目立たなくなります。これは、ちょうど海を航海している船をそばで見ると船が動いて見えるのに、遠くから見るとあまり動きが目立たないのと同じです。広角レンズを使うと、露出時間が数秒〜10数秒程度ならあまり星の動きは目立ちません。天体というより地上の景色を含めた夜空の写真を撮りたいとか、天の川のような広い範囲の写真を撮りたい場合には、広角レンズを使うとよいでしょう。

F値

　もう一つの解決方法は、露出時間を短くして星の動きが目立たないようにすることです。そのためには、光をたくさん取り込むことのできる明るいレンズ、つまりF値の小さなレンズを使います。たいていの一眼レフデジカメではマニュアル撮影モードでF値が調整できるので、小さな値に設定して撮影しましょう。

ISO感度

　露出時間を短くするために、ISO感度を上げる方法もあります。感度を上げればそれだけ露出時間を短くできるのです。ただしISO感度を上げるとノイズの多い写真になりがちです。天体写真はノイズが入りやすいので、ノイズ除去機能があるデジカメであればONにして撮影しましょう。

　あとはこの章で学習したようにPhotoshopで加工すれば、満天の星空写真のでき上がりです。夜空の暗いところに出かけたらぜひとも天体撮影にトライしてみてください。

第11章

3次元の数学

　3D CG の 3D とは、幅、高さ、奥行きのある 3 次元という意味です。3D CG ソフトでは 3 次元の空間を扱うので、使いこなすには 3 次元のいろいろな性質について親しんでおく必要があります。ここでは 3 次元のいろいろな性質を学びましょう。

　ところで皆さんは、右手が左手とどうちがうのか、きちんと答えられますか？　あるいは、ドラえもんの 4 次元ポケットの「4次元」って、いったい何なのでしょう？　この章ではこんな疑問についても考えていきます。

11.1　3D CGはプラモデル作り

3D CG（**3-D**imensional **C**omputer **G**raphics）で絵を描くやり方は、2次元のCGで絵を描くやり方とは大きく異なります。

例として雪だるまの画像を作る場合を考えましょう。まず最初に考えられるのは、紙に鉛筆やクレヨンなどで雪だるまの形を描く方法です。2次元のCGソフトで描く場合は、同じように画面（平面）にマウスなどを使って雪だるまの絵を描いていきます。

これに対し、紙に絵を描かなくても雪だるまの画像を作る方法があります。それは、実際に雪だるまを作り、その写真を撮影する方法です。

3D CGは、後者の方法とよく似ています。図11.1は、3D CGで雪だるまを作っているようすです。図11.1の右上に部品一覧が表示されていますが、頭、胴体、右目、左目、口、左手、右手という全部で七つの部品をプラモデルのように組み立てて雪だるまを作っています。そして図11.1の右下の方に、これらのパーツを組み立てたのち、レンダリングした雪だるまの絵が表示されています。

3D CGを使うことは、絵を描くというよりも、プラモデルを作る感覚によく似ています。コンピューターの中に作られた3次元の空間があって、そこに大小の球や立体をいろいろな場所に配置したり、移動したり拡大縮小したり、回転させたり変形させたりして物を作っていくわけです。

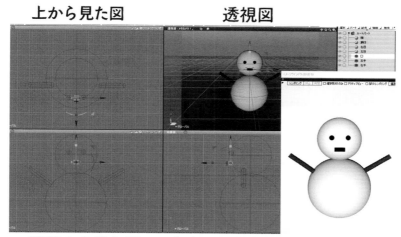

図11.1　3D CGはプラモデル作り

　図11.1は、3D CGソフトで口を選択し、頭の下半分の位置に雪だるまの口を配置しているところです。3D CGソフトでは、立体的な透視図に加え、上から見た上面図、正面から見た正面図、右よこから見た右面図を見ながら、雪だるまの口のような部品を配置できるようになっているものが多いです。

　2次元のCGソフトと違って、3D CGのソフトははじめは使いづらいとおもうかもしれません。しかし、3次元の軸や座標を頭に思い浮かべながら使うようにすれば理解しやすくなるはずです。そこで次の節では3次元の軸や座標について基本的なことを学んでいきましょう。

11.2　3次元の数学

3次元空間の座標

　平面はたてとよこの2方向があるので、2次元です。平面を扱うときは、その2方向をよく x 軸と y 軸であらわします。

　空間は、幅、高さ、奥行きの3方向があるので、3次元です。その3方向は、よく x 軸、y 軸、z 軸であらわします。どの軸を幅にしても高さにしてもかまわないのですが、ここでは図11.2のように、幅方向を x 軸、高さ方向を y 軸、奥行き方向を z 軸とします。それぞれの軸について、矢印がある向きを正の向きといいます。例えば図11.2では上向きは y 軸正の向きとなります。

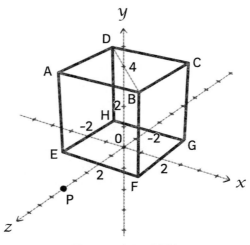

図11.2　3次元の座標軸

　図11.2を使って3次元座標に慣れていきましょう。いま、図11.2のように立方体が置かれ、座標が与えられているとします。

　このとき、P点の座標は $x = y = 0, z = 5$ なので、P $(0, 0, 5)$ となります。3次元の座標はこのように (x, y, z) の三つの座標の値であらわします。

それではF点とB点の座標はそれぞれいくつになるでしょうか？　先を読む前に図11.2から座標を読み取ってみてください。

まず、F点の座標はEFとz軸との交点の座標が2なので$z = 2$です。同様にFGとx軸との交点の座標が2なので、$x = 2$となります。Fを通る正方形EFGHは$y = 0$にありますから、$y = 0$になります。つまり、F $(2, 0, 2)$ です。

一方、BはFの上にありますが、BDがy軸と$y = 4$で交わっているので、$y = 4$となります。よって、B $(2, 4, 2)$ です。

● **確認してみよう**

点H , 点Dの座標をそれぞれ求めましょう。

答え：H $(-2, 0, -2)$, D $(-2, 4, -2)$

立体的な絵を3D CGで描こう

3D CGの利点の一つは、立体的な図を自動的に描いてくれることです。例えば、図11.3のように球が整然と並んだ立体的な図を平面に描こうとするとけっこう大変です。遠近法を使わないとなかなかうまくは描けないでしょう。

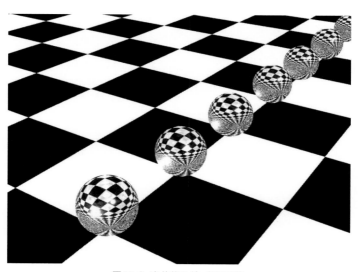

図11.3 立体的な絵（球の列）

　実際に図11.3を3次元座標軸を使って作成してみましょう。図11.4は、図11.3を作っている途中の3D CGソフトのようすです。3D CGソフトにはいろいろありますが、ここではShadeというソフトを使っています。

　図11.1の透視図は、図11.4の xyz 軸が描かれた図に対応します。図11.1の上から見た上面図、正面から見た正面図、右よこから見た右面図は、それぞれ図11.4のように zx 軸が描かれた図、xy 軸が描かれた図、yz 軸が描かれた図に対応します。図11.4をよく見て確かめてください。

　図11.3では球がきれいにまっすぐ並んでいます。そこで、この方向を z 軸方向にすることにします。最終的な立体図の視点はいくらでも変えられるので、作画しやすいように z 軸方向に並べただけです。そして図11.4の zx 軸と zy 軸がある図を見ながら、球をコピーして z 方向に等間隔にいくつか並べます。

　これで図11.3のような球の並びは完成です。あとは背景をつけたり、球の表面材質を設定してレンダリングすれば、図11.3が完成します。

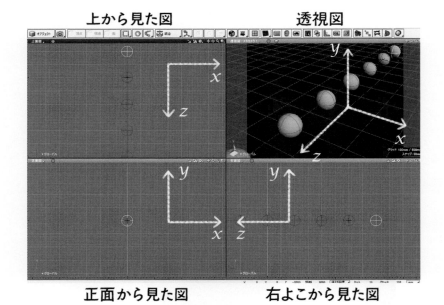

図11.4　立体的な球の列のCGを作っているようす

11.3 私たちの世界と鏡の中の世界 ——右手系と左手系

◖ 左手でつくる座標軸

　図11.2では、とりあえず幅方向を x 軸、高さ方向を y 軸、奥行きを z 軸としました。そこでも触れたとおり、この軸の決め方は自由です。幅方向を z 軸、高さ方向を x 軸、奥行きを y 軸にしても全然かまいません。

　図11.5に、2種類の座標軸を示しました。わかりやすいように、親指を立てた左手の絵を描き込んで各軸と対応させています。それぞれ、親指の向きが z 軸の正の向き、残りの4本の指が回転する向きの順に x 軸、 y 軸それぞれの正の向きがあります。

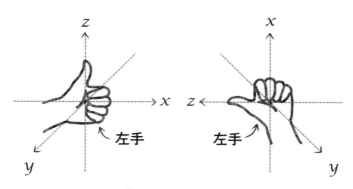

図11.5 同じ xyz 座標軸

　図11.5の二つの座標軸は、一見すると別々のものに見えますが、じつは同じものです。左手の親指を立てたか、よこにしたかだけの違いしかないからです。片方をくるっと回せば、もう片方になります。

🖳 右手系と左手系

それでは、次の図11.6の二つの座標軸も本当は同じ座標軸なのでしょうか?

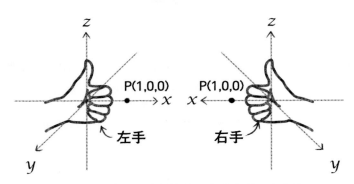

図11.6 ちがう xyz 座標軸(左:左手系/右:右手系)

　図11.6にも、各座標軸に対応するように親指を立てた手が描かれていますが、片方は左手で、もう片方は右手です。このとき、左側の座標軸を回転したり動かしたりして、右側の座標軸と同じものにできるでしょうか?

　残念ながら、今度はどんなに回転したり動かしたりしても左の座標軸を右のようにはできません。これは、ちょうど右手と左手がどのように回転したり移動したりしても同じにならないのと一緒です。右手用の手袋はどう動かしても左手用にはなりません。

　じつは3次元座標の決め方には2種類あるのです。図11.6のように左手で決まる座標系を左手系、右手で決まる座標系を右手系といいます[1]。

　左手系と右手系では、同じ座標でも異なる点をあらわします。例えば図11.6で y, z 軸が同じ向きになっていますが(y 軸正方向が手前向き、 z 軸正方向が上向き)、 x 軸は向きが逆になっています(左手系では右向き、右手系では左向き)。そうすると、例えばP $(1, 0, 0)$ という点は、左手系では右側、右手系では左側になって別々の点をあらわすことになります(図11.6)。

　3D CGソフトでは、右手系と左手系のどちらが使われているのでしょうか?厄介なことに、右手系を使うソフトと左手系を使うソフトが両方あるのです。いろいろな3D CGソフトを併用する場合は、いま自分が使っているソフトが右手系なのか左手系なのか意識する必要があります。

---

[1]　座標を決める方式を座標系という。

▶ 左利きの人は鏡の中では右利き?

　右手系と左手系は異なる座標系であると説明しましたが、右手系と左手系にはどういう関係があるのでしょう?

　左手はどう動かしても右手にはなりません。しかし、左手を右手にする方法がじつはあります。図11.7のように鏡に映すと、左手が右手になるのです。つまり、左手系を右手系にする（もしくは右手系を左手系にする）ためには、鏡に映してやればいいのです。

鏡の像は右手

左手

図11.7　右手系と左手系は互いに鏡像の関係にある

　では私たちの世界は右手系なのでしょうか左手系なのでしょうか?　もちろん、どちらともいえません。3次元には右手系と左手系の二つがあり、仮に私たちの世界を右手系とすると、鏡の中の世界は左手系というだけです[*2]。もしあなたが左利きならば、鏡の中では右利きです。鏡の中の世界は、私たちとは異なる座標系の世界なのです。

＊2　　自然科学の世界では右手系が通常使われる。

11.4 3次元の回転

回転の向き

いま、図のようによこを向いている人形があります。y軸を回転してこちらを向かせたいとき、何度回転すればいいでしょう？　90度でしょうか。それとも−90度でしょうか。ただし右手系で考えるものとします。

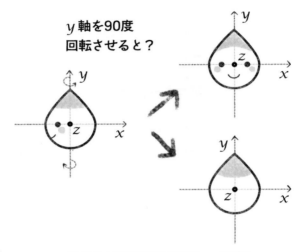

図11.8　回転の向きは90度？　−90度？

答えは90度です。−90度にすると後ろを向いてしまいます。ただし、同じ問題を仮に左手系で考えると答えはまったく逆で、−90度になります。回転の向きは右手系と左手系で逆になるのです。

回転の向きは、右手系の場合は右手、左手系の場合は左手を使って考えるとわかりやすくなります。実際に手を使って回転の向きを調べてみましょう。

右手系の回転

　右手系を考えます。図11.9のように右手を出してジャンケンのグーを作り、親指だけを立てます（いわゆる「グッジョブ」のポーズです）。このとき親指の向きを回転軸の向きと一致させると、それ以外の4本の指を丸めた向きが右手系の回転の向きです。 x, y, z 軸のいずれでも、同じようにして回転の向きが決まります。

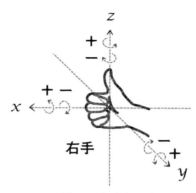

図11.9　右手系の回転

左手系の回転

　左手系の場合は左手で同じようにします。図11.10のように、左手で親指の向きを回転軸の向きと一致させると、それ以外の4本の指を丸めた向きが左手系の回転の向きです。図11.9の右手系の回転の向きは図11.10の左手系の回転の向きと逆になっています。

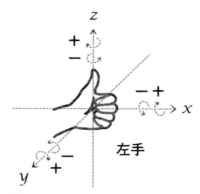

図11.10　左手系の回転。右手系の回転の向きと逆になっている。

🔲 回転の順序

　図11.11のような3D CGを考えます。 z 軸は紙面の裏側から表側方向にあるものとします（右手系）。

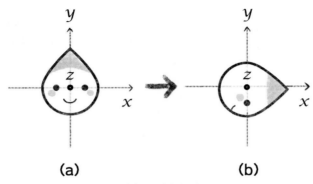

(a)　　　　　　　　　　**(b)**

図11.11 （a）⇒（b）にするには?

　この図で、図11.11の左側のように前を向いている顔を、右側のように下向きに向かせたいとします。どのようにすればいいでしょうか?

- （ア）x 軸90度回転してから y 軸90度回転
- （イ）y 軸90度回転してから x 軸90度回転

　一見すると（ア）と（イ）は同じだとおもうかもしれませんが、先を読む前に頭の中でちょっと考えてみてください。

　（ア）のように x 軸90度回転してから y 軸90度回転すると、図11.12の上のようになります。つまり下を向いた状態になります。

　ところが（イ）のように y 軸90度回転してから x 軸90度回転すると図11.12の下のようになり、顔を上から見た状態になります。

　よって答えは「ア」となります。つまり、x 軸90度回転してから y 軸90度回転する回転と、y 軸90度回転してから x 軸90度回転する回転はちがう回転なのです。

　このように3次元では回転の順番によって結果が変わってしまいます。そのため回転をさせるときは順番まで注意する必要があるのです。

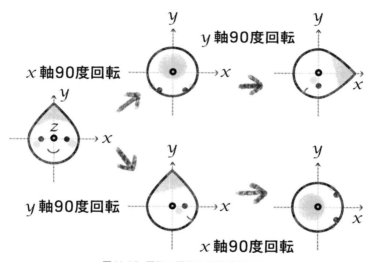

図11.12　回転の順序で結果が変わる!

この世界は本当に3次元？

　ドラえもんに出てくる「4次元ポケット」を見て、あんなポケットがあったらいいなと思った人も多いと思います。よくSF作品には「4次元」という言葉が出てきますが、そもそも4次元とはいったい何を意味するのでしょう？　4次元ポケットにはいろいろな解釈があるのかもしれませんが、自然科学で4次元といったら、普通は空間の3次元と時間の1次元のことです。では、なぜ私たちの世界は4次元なのでしょう？　5次元でも10次元でもよさそうなものです。空間には幅、高さ、奥行き以外に方向はないのでしょうか？

空間は3次元のほかに見えない次元がある？

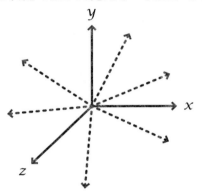

図11.13　この世界は何次元？

　20世紀前半にテオドール・カルーツアという人が、アインシュタインの相対性理論を使って「宇宙の次元は5次元である」と仮定した理論を作ったことがあります。私たちの世界は空間4次元＋時間1次元の5次元の世界であると仮定してみたのです。日常の感覚では誰もが幅、高さ、奥行き3次元以外にどこに4次元目の空間があるの？とおもうでしょうから、なんとも奇妙な話です。21世紀になった現在でも、例えば「超ひも理論」では「私たちの世界は10次元である」などといわれます。5次元でも驚きなのに10次元だというのです。そんなたくさんの次元はどこに隠れているのでしょう？そのことを考えるために、街の電線を思い出してみてください。遠くから見ると電線は線（1次元）に見えます。ところが近づくと太さがわかるようになり、幅、高さ、奥行きのある3次元の物体であることがわかります。本当は3次元の電線が、遠くから見ると太さが小さすぎたので、あたかも長さしかない直線（1次元）のように見えたわけです。現在の物理学でも、幅、高さ、奥行きと時間以外の次元は、このように小さくまとまってしまって見えにくくなっているという考え方があるのです。

　さらに「残りの次元が小さくまとまっている」という考え方以外にも、「異次元といったものが存在し、私たちは異次元のなかの3次元の膜の中に住んでいる」といった考え方もあります[3]。

＊3　橋本幸士 監修『ニュートン式 超図解 最強に面白い!! 超ひも理論』（ニュートンプレス）

グラフとプログラミングで
アニメーション

　After Effects など多くの定番アニメーション作成ソフトでは、いろいろなグラフを使ってアニメーションを作れるようになっています。例えばリンゴが木から落下する自然なアニメーションもグラフから作れるのです。この章ではグラフを使ってアニメーションを作成するための数学について学びます。また、より複雑なアニメーション作成を可能にするプログラミングによる簡単なアニメーション作成方法についても少しだけ学びます。

12.1 *x-t* グラフによるアニメーション

■ *x-t* グラフとアニメーションの関係

以下の図12.1はAfter Effectsでグラフを使いながら自動車が左のAから右のB
に動くアニメを作成している図です[1]。

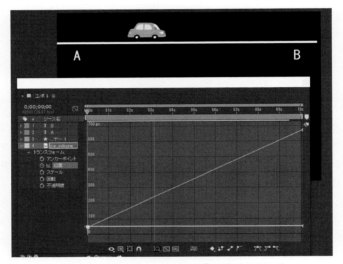

図12.1　After Effectsにおけるグラフによるアニメ

アニメーションソフトによってグラフの形状に違いはあると思いますが、このよ
うなグラフを使って複雑なアニメーションを表現できるソフトがいくつかあります。
　それではどうしてグラフを描くことで複雑なアニメーションを作れるのでしょう？
具体的な例を通じて理解していきましょう。

---

[1]　ここでの話をわかりやすくするために、実際の After Effects のアニメ作成画面とは少し
　　変更している。

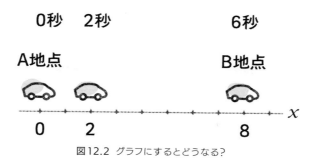

図12.2 グラフにするとどうなる？

　図12.2のように、自動車がA地点からB地点まで動くアニメーションを作成してみましょう。この車は、

・0秒　A地点　　$x = 0$
・2秒　　　　　　$x = 2$
・6秒　B地点　　$x = 8$
・それ以降　　　　$x = 8$

と動くとします。このアニメーションをたて軸 x 、よこ軸 t （時間）のグラフにしてみましょう。

　$t = 0$ 秒のとき $x = 0$ 、$t = 2$ 秒のとき $x = 2$ 、$t = 6$ 秒のとき $x = 8$ ですから、まずこの3点 $(0,0), (2,2), (6,8)$ をグラフに書き込んでみます。この3点を線で結ぶと、次のページの図12.3のようなグラフができます。

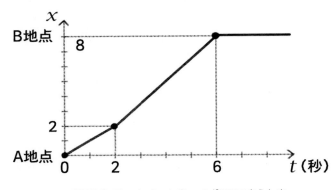

図12.3 アニメーションを x-t グラフであらわす

　よこ軸が時間 t （「time」の「t」です）、たて軸が位置 x なので、これを x-t グラフといいます。つまり、

**アニメーションは「時間（ t ）が変わるにつれてどこ（ x ）を動くか」
という x-t グラフであらわせる**

のです。

　After Effects などのアニメーション作成ソフトでは、 x-t グラフを描くと、そのグラフに従ってアニメーションができるよう作られています。そのため、 x-t グラフを理解できればいろいろなアニメーションを作成できるというわけです。

　以降ではどのようなグラフを描くと、どのようなアニメーションができるかを調べてみましょう。

▣ 等速のアニメーション

　図12.4のような二つの x-t グラフがあるとします。この二つの x-t グラフのアニメーションはどのようにちがうのでしょうか？

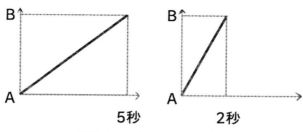

図12.4 どんなアニメーション？

グラフのたて軸を見ると、どちらもA地点からB地点まで動いています。ところが図12.4の右のグラフと左のグラフとではB地点に到着する時間が違います。左のグラフは5秒でB地点に到着しますが、右のグラフはわずか2秒でB地点に到着しています。したがって、左のグラフのほうがゆっくり動くアニメーション、右のグラフのほうが速く動くアニメーションをあらわします。

これは傾きが大きい x-t グラフは速く動くアニメーションを、傾きが小さい x-t グラフはゆっくり動くアニメーションをあらわすということもできます。よく考えると当たり前のことで、傾きが小さいということは「時間がたってもあまり x の値が増えない」、すなわちゆっくり動くということです。一方、傾きが大きいということは「短時間で x の値が大きくなる」ので、速く動くことになります（図12.5）。

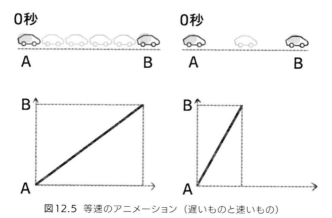

図12.5 等速のアニメーション（遅いものと速いもの）

参考 📎 **傾きと速度**

以上で傾きの大小によって速さが変わることがわかりましたが、さらにいうと、

グラフの傾きは速度をあらわしている

といえることが知られています。実際、図12.5の左のグラフでは

$$グラフの傾き = \frac{AB}{時間}$$

ですが、

$$速度 = \frac{AB}{時間}$$

なので、傾きと速度は等しくなるのです。

ここで「あれ?」っとおもう人がいるかもしれません。小学校の算数では、「速さ×時間 = 距離（道のり）」、もしくは「速さ = $\frac{距離}{時間}$」と習ったはずです。「速度」と「速さ」は何がちがうのでしょうか?

じつはこれはもっともな疑問で、「速度」と「速さ」は、似ていても少しちがうのです。ここでいう「速度」はグラフの傾きと同じです。そしてグラフの傾きはマイナスになることもあります。つまり「速度」もマイナスになることがあるのです。マイナスの「速度」の例は次の節で出てきます。

一方、小学校で習う「速さ」は、「速度」の大きさのことです。例えば「速度」が –10 m/秒 であれば、「速さ」はその大きさなので 10 m/秒 です。

● **速さと速度の関係**
　　「速度」の大きさが「速さ」（速度 –10 m/秒 なら速さ 10 m/秒）

📱 加速と減速のアニメーション

　グラフの傾きの大小によって速く動くアニメーションや遅く動くアニメーションが作れることがわかったので、今度は速度が変わる、より自然なアニメーションを作ってみましょう。

　図12.6がより自然な自動車のアニメーションをあらわす *x-t* グラフの例です。

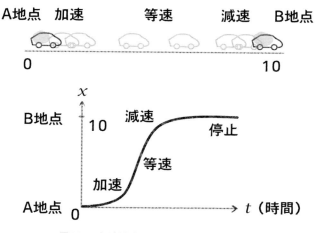

図12.6　加速減速する自動車の *x-t* グラフ

　この *x-t* グラフを詳しく見ていきましょう。まず、*t* が小さいときは傾きが小さく、*x* の値がほとんど増えていません。つまり、ゆっくり動いているということです。ところが徐々に傾きが大きくなっています。これは加速をあらわしています。さらに *t* の値が図の「等速」あたりになると、傾きが大きくなっています。これは、速く動いているということです。

　そしてまた徐々に傾きが小さくなります。これは減速（ブレーキを踏んでいる）をあらわしています。その後は、ずっと *x* の値は10で、B地点の値になっています。これは停止をあらわします。まとめると、この *x-t* グラフがあらわすアニメーションは、次のようなものです。

- ・A地点を出発。最初はゆっくり動いている
- ・アクセルを踏んで加速
- ・等速
- ・ブレーキを踏んで減速
- ・B地点で停止

● **確認してみよう**

図12.7の *x*-*t* グラフはどのようなアニメーションのグラフか？

答え：A地点（0秒）→B地点（2秒）→A地点（4秒）→B地点（6秒）
→A地点（8秒）という具合に、A地点とB地点を行ったりきたりする
アニメーション。

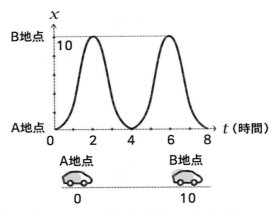

図12.7　この *x*-*t* グラフはどんなアニメーション？

12.2 v-t グラフによるアニメーション

アニメーションは、なにも x-t グラフでしかあらわせないわけではありません。速度がわかれば、

$$位置の変化 ＝ 速度 × 時間 \qquad (12.1)$$

なので、速度と時間の v-t グラフを使ってアニメーションをあらわすこともできます[2]。実際、アニメーション作成ソフトのなかには v-t グラフを使えるものもあります。ここでは v-t グラフでアニメーションを作成してみましょう。

等速のアニメーション

いちばん簡単な v-t グラフが図12.8です。たて軸が速度 v 、よこ軸が時間 t をあらわします。

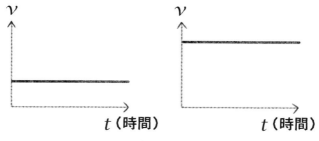

図12.8　等速の v-t グラフ

図12.8の二つの v-t グラフはどちらも、v の値が時間がたってもずっと同じなので、速度がずっと同じ、つまり等速度のアニメーションということになります。

それでは、二つの v-t グラフの違いは何でしょう。左のグラフは v の値が小さいので速度が小さいゆっくりしたアニメーションをあらわし、右のグラフは v の値が大きいので速度が大きいアニメーションをあらわしています。

＊2　距離でなく位置の変化としたのは、速度はマイナスになることができるが距離はマイナスになれないため。

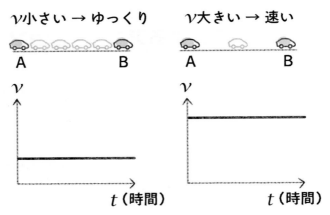

図12.9　v-t グラフによる等速アニメーション

🔲 マイナスの速度

　CG ソフトでは v-t グラフの v がマイナスになることもあります。マイナスの速度はどんなアニメーションになるのでしょう?

　図12.10は、速度 1 m/ 秒 とマイナスの速度 –1 m/ 秒 の v-t グラフです。

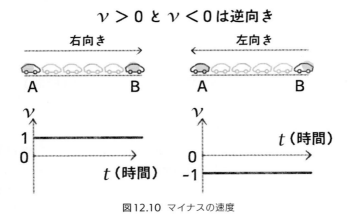

図12.10　マイナスの速度

　「速度が 1 m/ 秒」というのは、1秒で x が 1m 増えることだと考えられます。同じように考えると、「速度が –1 m/ 秒」というのは、1秒で x が –1m 増えるということです。いま例として使っているアニメーションで、速度 1 m/ 秒 のときに自動車が右向きに進むとすると、速度が –1 m/ 秒 では反対の方向、つまり左

向きに速さ 1 m / 秒で動くアニメーションになるとわかります。マイナスの速度はプラスの速度と逆向きの速さをあらわすのです。

● マイナスの速度
　　マイナスの速度はプラスの速度と逆向きの速さをあらわす

自然な加速をあらわす直線の v-t グラフ

次の図12.11 は重要なグラフです。この v-t グラフは速度 v がだんだん大きくなっているので、「加速」するアニメーションをあらわしています。

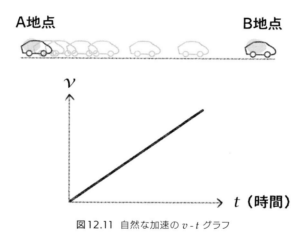

図12.11　自然な加速の v-t グラフ

しかし単なる加速ではありません。単なる加速のグラフはすでに図12.6でも登場しました。

じつは v-t グラフの利点の一つに、「自然な加速、減速を表現しやすい」という点があります。例えば、リンゴが地面に落ちるときの落下アニメーションを x-t グラフであらわそうとすると、図12.6のような加速・減速のアニメーションを作ればいいのですが、グラフが曲線になるので自然な落下アニメーションを作るのが難しくなります。

じつは、物が落下するときのような自然界の多くの運動は、加速度が等しいと近似できるという特徴があります。速度が等しい運動が x-t グラフで直線であらわせたように、加速度が等しい運動は v-t グラフで直線になるのです。リアルな落下を表現しようと思ったら、図12.11のように v-t グラフを直線にすればよいのです。

12.3 プログラミングによるアニメーション

▶ プログラムとは？

　この節はちょっと難しいので、読み飛ばしても差し支えありません。しかし、より複雑なアニメーションを作りたいとおもう方はぜひ読んでみてください。

　前節まではグラフを使ってアニメーションを作れることを紹介してきました。とはいえ、ボールが壁や地面にぶつかって反射するアニメーションなど、グラフだけで作るのが難しいアニメーションもあります。1回だけの反射ならまだしも、何回も反射するようなアニメーションでは反射するたびに x-t グラフのようすが変わってしまうのです。

　このようにアニメーションが複雑になってくると、グラフだけであらわすのは難しくなってきます。グラフ以外にリアルなアニメーションを作る方法はないのでしょうか？

　プログラミングによるアニメーションは、これらの問題を解決する方法の一つです。図12.12は白丸○が左右の端にぶつかると反射して永遠に左右に動き続けるアニメーションを作成している画面です。図にはプログラムが書かれています。

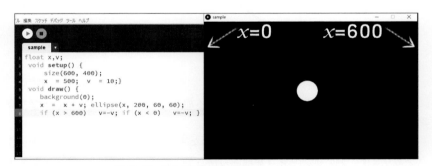

図12.12 プログラミングによるアニメーション

　このアニメーションを x-t グラフで書くと反射ごとにグラフのようすが変わるので大変ですが、このような複雑なアニメーションも、プログラムにするとたった8行でかけてしまいます。図12.12のプログラムを拡大すると以下のようになります。

▶ **Processing プログラムの内容**

```
1 float x,v;
2 void setup() {
3     size(600, 400);
4     x  = 500;  v  = 10;}
5 void draw() {
6     background(0);
7     x  =  x + v; ellipse(x, 200, 60, 60);
8     if (x > 600)   v=-v; if (x < 0)   v=-v; }
```

　プログラムとはコンピューターに対する指令文書のようなものです。この指令文書は、あらかじめ決められたある規則に従って作成します。コンピューターに対する指令文書はプログラミング言語などと呼ばれます。プログラミング言語はいろいろあり、C、Javaといったプログラミング言語の名前を聞いたことのある人がいるかもしれませんね。図12.12で使われているプログラミング言語はProcessingと呼ばれる言語です。

　このようにプログラミング言語はいろいろあるのですが、例えばProcessingもC言語も基本となる要素は似ているので、どれか一つを理解しておけば他のプログラミング言語についても理解しやすくなります。ここではProcessingの場合について説明します。

⬛ プログラムは英文を読むようなもの

　初めてプログラミング言語を見ると、エジプトのヒエログリフや暗号のようにおもうかもしれません。しかし、しょせんは人間が人間にとってわかりやすいように作った規則です。誰にも理解できないものは誰も使いません。その程度には簡単なはずです。

　それに、プログラムの多くは英単語と英数字（と記号）などで書かれています。例えば、プログラムの2行目にあるsize(600,400);は、sizeという簡単な英単語でできています。単なる英語の文のようなものだと思えば、だいたい何をやっているプログラムなのか推測できることも多いものです。

　そんなふうに考えながら、8行のProcessingプログラムの内容をもう一度よく見て内容を推測してみましょう。

1行目　float

```
1 float x,v;
```

x や v がfloatであるということが推測されます。最初はこのくらい意味が読み取れればOKです。その後でプログラムのfloatをインターネットなどで調べると、（整数でなく）実数を近似的に扱うときに使うことがわかります。すると1行目は「x や v を実数として扱いますよ」というくらいに理解しておけばいいでしょう。

2－4行目　setup

```
2 void setup() {
3    size(600, 400);
4    x  = 500;  v  = 10;}
```

ここでsetup(){...}で、波かっこ{...}の中にsetupの内容を記述していると考えられます。そのsetupの内容を見ると、3行目のsize(600,400)は画面のサイズをよこ600、たて400に設定すると推測されます。また、4行目を見ると、x 座標は500で速度 v は10と読み取れます。

つまり、setupは「画面サイズをよこ600、たて400にして、最初の x 座標は500、速度 v は10にしますよ」という意味です。

5－8行目　draw

```
5 void draw() {
6    background(0);
7    x  =  x + v; ellipse(x, 200, 60, 60);
8    if (x > 600)   v=-v; if (x < 0)   v=-v; }
```

ここで5行目のdrawは日本語で「描く」ですから、draw(){...}で波かっこ{...}の中に描く内容を記述していると考えられます。描く内容ですが、まず6行目のbackground(0)を調べましょう。

backgroundは日本語で「背景」ですから、背景を0に設定すると考えられます。何を0にするかというと、背景ですから色を0にすると推測されます。0は第8章の8.4節で学んだとおりで黒色をあらわします。つまり、background(0)は背景を黒にすることをあらわします。次に7行目の

```
x = x + v;
```

は x 座標を v だけ変化させることを意味します[*3]。

　同じく7行目の ellipse(x,200,60,60); では楕円（ellipse）を中心 $(x, 200)$、よこ、たて方向の楕円直径を両方とも 60（すなわち円）にして描くことをあらわしていると推測されます。ここで円の中心の x 座標はさきほどの $x = x + v$ で求まった、v だけ変化させた x 座標です。つまり、プログラムの7行目をまとめると「円の中心座標 $(x, 200)$ の x 座標を v だけ変化させ、直径 60 の円を描く」となります。

　8行目の

```
if (x > 600)   v=-v; if (x < 0)   v=-v;
```

は

- 『もし、x 座標が 600 より大きかったら、v を $-v$ にしましょう。』
- 『もし、x 座標が 0 より小さかったら、v を $-v$ にしましょう。』

というふうに読めます。そして実際に意味はそのとおりです。v を $-v$ にすることによって、画面の左右の端（$x = 0$ または $x = 600$）にぶつかったら逆向きに動く、すなわち反射をあらわしているのです。

　まとめると、draw では「背景を黒にする。円の中心座標 $(x, 200)$ の x 座標を v だけ変化させ、直径 60 の円を描く。左右の端に行ったら速度を逆にして反射させる」となります。

　この draw を何度も繰り返すと、draw を繰り返す度に円の中心が毎回 v だけ移動し、左右の端にぶつかると反射するアニメーションになるのです。つまり図 12.12 の白丸が左右で反射するアニメーションが作れるのです。

　もちろん、ここまで正確に推測することは最初は難しいかもしれません。でもプログラムは簡単な英単語と英数字（と記号）などでできているので、慣れてくると、英語の教科書を読む感じで結構わかるようになります。

[*3]　じつはここは初学者がよく間違える事例。数学の記号どおりに読めば、$x = x + v$ だからこれを解いて $v = 0$ とおもうかもしれないが、プログラミングの世界では $x = x + v$ は x を $x + v$ にする、つまり x に v を足すことを意味する。

第**13**章

運動の法則とアニメーション

　第 12 章では、自動車の加速やリンゴが落下する自然なようすを $v\text{-}t$ グラフ上の直線であらわせることを学びました。それでは物が自然界で動く仕組みを取り入れてもっとリアルなアニメーションを作るにはどうすればいいのでしょうか？　この章では、おもにリアルなアニメーションを作るヒントになる自然界の運動の法則について理解していきましょう。

13.1 物理シミュレーション

■「自然界と似ている」とリアル

いま、「シャボン玉が風に吹かれてふわふわ飛ぶアニメーションを作りたい」とします。何から考えればよいでしょうか?

一つには、第12章で説明した x-t グラフをシャボン玉ごとに描いてアニメーションを作る方法が考えられます。ところが、自然なシャボン玉の動きをあらわす x-t グラフは複雑なものになりそうですし、シャボン玉の数だけ x-t グラフを描くのも大変です。実際、 x-t グラフだけでアニメーションを作ることはあまり現実的ではありません。別の方法でリアルなシャボン玉の動きをするアニメーションを作った方がいいでしょう。

ところで、そもそもリアルとは何でしょうか?　ここでいうリアルとは「自然界と似ている」ということです。そして自然界の運動は、物理の法則によってあらわすことができます。ということは、自然界と似たリアルな動きをするアニメーションを作るには、自然界のいろいろな物理法則や物理の考え方を取り入れていく必要がありそうですね。風に吹かれてふわふわ飛ぶシャボン玉であれば、風の速度や方向、気流、粘性といった現象の物理の考え方を取り入れていけば、リアルなアニメーションが作れそうです。

　アニメーション作成ソフトのなかには、さまざまな物理の考え方を取り込めるようになっているものもあります。例えば図13.1は、After Effects を使って、海の中でシャボン玉がゆらゆら飛んでいるアニメーションを作っているようすです。

図13.1　海の中をシャボン玉が舞うアニメーション

　図13.1のアニメーションでは x-t グラフは使っていません。その代わり、シャボン玉の初期速度や風の速度、乱気流、粘性といった自然界のいろいろな物理現象を取り入れています。これにより、とてもリアルな動きをするシャボン玉のアニメーションが作れるのです。

　ほかにも、地面をバウンドしていくサッカーボールやピンを倒すボウリングのように、グラフであらわすのが大変なアニメーションはたくさんあります。こうしたアニメーションでも、

物理の考え方を取り入れるとリアルな動きをあらわせる

のです。

　このような物理の考え方を取り入れてアニメーションを作ることを、物理シミュレーションなどということがあります。また、物理法則を取り入れてアニメーションを作るソフトを物理演算エンジンなどといいます。

13.2 加速度と力

　自然界の物理現象にはいろいろありますが、なかでも重要なのは「運動の法則」です。運動の法則の基本となるのは、「力」と、リアルな自動車の動きやリンゴの落下を表現する「加速度」です。まずは加速度について説明しましょう。

🔲 リアルな動きは加速度から

　第12章で見たように、加速や減速があると自動車の動きはよりリアルなアニメーションになりました。この加速と減速をまとめて「加速度」といいます。図13.2の右側に加速度を取り入れたボールの自然な落下のようすを描きました。図13.2の右側のように落下するほうが、左側のように等速で落下するよりも自然なのです。

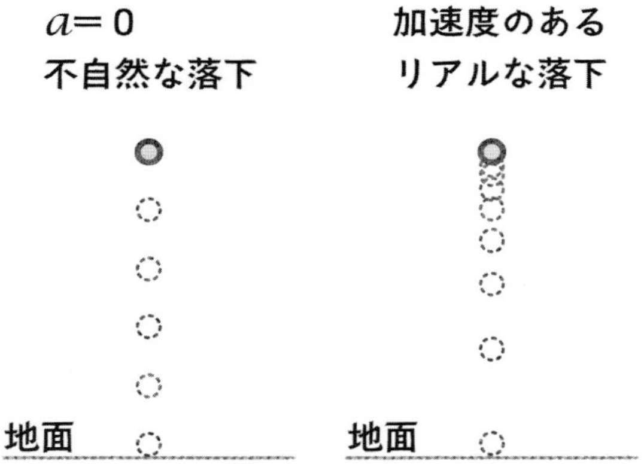

$a = 0$
不自然な落下

加速度のある
リアルな落下

地面

地面

図13.2 加速度があるとリアルなアニメーションに!

　加速度のことを英語では「acceleration」といい、頭文字をとって a であらわすことがよくあります。図13.2の左側はずっと同じ速度のまま、つまり加速度がないので、$a = 0$ です。ちなみに自動車のアクセル（accelerator）というのも加速度（acceleration）に関係がある言葉です。

🔲 加速度は速度の変化

　図13.2の右図を見ると、加速度があるリアルな落下では最初はゆっくりな速度で落ちていますが、徐々に落ちる速度が大きくなっていることがわかります。つま

り、加速度とは速度の変化のことなのです。数式で書くと、

$$加速度 = \frac{速度の変化}{時間} \tag{13.1}$$

となります。これを変形すると、

$$速度の変化 = 加速度 \times 時間 \tag{13.2}$$

となります。さて、加速度の例として、物が落ちるときの加速度である重力加速度
があります。重力加速度は $10\,\mathrm{m/秒^2}$ です[*1]。すると、式（13.2）より1秒で
$10\,\mathrm{m/秒}$ ずつ速度が変化します。例えば図13.2の右図の場合、ボールの最初の速
度が $0\,\mathrm{m/秒}$ とすると、1秒後は $10\,\mathrm{m/秒}$ 、2秒後は $20\,\mathrm{m/秒}$ 、t 〔秒〕後は
$10t$ 〔$\mathrm{m/秒}$〕になります。

● **確認してみよう**
　図13.2の右図の場合、重力加速度を $10\,\mathrm{m/秒^2}$ とすると3秒後の速度は？
　答え： $30\,\mathrm{m/秒}$

🔁 加速度と速度

図13.3　ボールを真上または斜め上に投げた場合

　それでは今度は図13.3のように、ボールを真上もしくは斜め上に投げた場合を
考えましょう。ただし、図13.3左図ではわかりやすくするためにボールの軌道を
少しずらして描いています。どちらも最初はボールの高さはどんどん高くなります
が、あるところで下に落ち始めます。これは重力が働いていて、そのため下向きに
重力加速度があるからです。このとき、左図の真上に投げた場合についてボールの

---

*1　高校などではもう少し正確に $9.8\,\mathrm{m/秒^2}$ を用いることが多い。

速度を調べましょう。まず、最初は速度は上向きですが、もっとも高い位置で速度 0 m/秒 、その後下に落ちるので速度は下向きになることがわかります。

　最初の速度（初速度）を上向きに 50 m/秒 としましょう。すると重力加速度は逆の下向き 10 m/秒² ですから、ボールの速度は1秒後は上向きに 40 m/秒 、2秒後は 30 m/秒 となり、t〔秒〕後は

$$ボールの速度 = 50 - 10t \quad 〔m/秒〕 \tag{13.3}$$

となります。ここから5秒後にボールの速度は 0 m/秒 になり最も高い位置に到達します。その後は下に落ちはじめ、6秒後には −10 m/秒 、7秒後には −20 m/秒 になります。ここでマイナスは下向きをあらわします。このように、加速度がわかると速度もわかるのです。

　図13.3の右図の斜め上に投げた場合も、上下方向の動きは真上に投げたときと全く同じになります。図13.3の右図を放物運動といいます。

参考：加速度を取り入れた物理シミュレーション

　ここは少し難しいので参考です。プログラムに抵抗のない人は読んでみてください。加速度を取り入れた物理シミュレーションの例を紹介しましょう。12.3節で作成したProcessingプログラムはボールがよこ方向に動き、左右の端で反射するプログラムでしたが、このプログラムを少し修正加筆して加速度を取り入れると放物運動をするプログラムをつくることができます。以下にそのプログラムをのせました。

```
1   float x,v;
2   float y,vy;
3   void setup() {
4     size(600, 400);
5      x  = 500;  v  = 10;
6      y  = 100; vy  = 10;}
7   void draw() {
8     background(0);
9     vy = vy + 1;
10    y  =  y + vy;
11    x  =  x + v;
12    ellipse(x, y, 60, 60);
13    if (x > 600)    v=  -v ; if (x < 0)    v=-v;
14    if (y > 400) {vy= -vy ; y = y + vy;}   }
```

　12.3節のプログラムに、たて方向y, vyを取り入れ、加速度をプログラム9行目で1
として取り入れています。Processingは画面の上下方向について、下向きを正の向きと
しているので、重力加速度の符号は式（13.3）のマイナス（−）とは逆にプラス（＋）
になっています。また、14行目では画面の最も下（y=400）にくると反射するように
設定しています。Processingは2020年現在フリーでダウンロードできるので、自分
でProcessingをダウンロードして、このサンプルプログラムを実行しながらいろいろ
修正してみると、プログラミングの知識もより身につくでしょう。

🔲 加速度と力

　ところでこれまで説明してきた加速度はいったい何が原因で生じるのでしょうか？
先ほどの図13.3の左図のボールを真上に投げる例で考えてみましょう。この場合、
ボールに下向きの重力加速度がうまれる原因は力（重力）が働いているからでした。
これで加速度がうまれる原因がわかりました。すなわち、

> ● **加速度と力**
>
> 　　　　　　　　加速度は力からうまれる

のです。

　別の身近な例として、自動車を考えましょう。自動車はアクセルを踏むと力が働
き、加速します。ブレーキを踏むと進行方向と逆向きの力が働き減速します。これ
も力から加速度がうまれている例です。乗り物はすべて、力が働いて加速したり減
速しています。そして乗り物に限らず、すべての加速度には、いつも何らかの力が
働いているのです。

ボールはなぜバウンドするのか?

　リアルな動きをうみ出す加速度が力からうまれるということは、重力などのいろいろな力を設定することでリアルなアニメーションができるということです。ここで、図13.4にはバスケットボールがバウンドするときのようすを描きました。

いろいろな力でボールを動かす

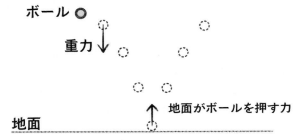

図13.4　力によってボールの運動が変わっていく

　まずボールが落下するのはボールに下向きの重力がはたらいているからですが、そのままではボールはいつまでも下に落ち続けます。ボールが地面でバウンドするのは、ボールが着地した瞬間に地面から上向きに大きな力を受けるためです[*2]。ほかにも、摩擦力や遠心力、空気抵抗力など、自然界にはいろいろな力があります。これらの力を適切に設定してやれば、リアルなアニメーションが作れるということです。

重力を利用した物理演算エンジンによるアニメーション

　重力は有名かつ身近な力なので、いろいろなアニメーションソフトが重力を扱えるようになっています。例えば図13.5はAfter Effectsで作成したアニメーションで、複数のバスケットボールが放物運動をして、ボールが地面や壁などに当たると跳ね返るようになっています。これは一種の物理演算エンジンです。

　このようなアニメーションは重力を利用した物理演算エンジンを用いると簡単にできます。ここでは設定のようすを説明しましょう。まずは基本的な設定をします。

[*2]　しかしながらこういった力を直接扱うことはほとんどなく、多くのソフトでは「壁」などと設定すると自動的に反射するように作られている。

図13.5　体育館でバスケットボールが放物線を描くアニメーション

位置

最初のボールの位置を設定します。ここでは、画面の真ん中あたりに設定しています。

初速度

最初のボールの速度を設定します。ここでは、斜め上に、多少ランダムにしています。

重力

重力の向きと大きさなどを設定します。ここでは重力の向きは下向きに設定しています。重力を大きくするほどボールの加速度は大きくなります。

床や壁の設定

ボールが床や壁などにあたると跳ね返るように、跳ね返る部分を設定します。

また、ボールが出てくる間隔の時間も設定します。大まかにはこれでバスケットボールが放物運動したり、床や壁に跳ね返ったりするアニメーションを作ることができます。そのあとはボール同士が反発するように設定していくとよりリアルなアニメーションを簡単に作成することができます。

以上基本的な説明でしたが、より本格的な物理演算エンジンは3D CGソフトでもいろいろ使われています。

13.3 運動の法則

運動方程式

　アニメーションを作るうえで便利な加速度は力からうまれるわけですが、それでは力が与えられたとき、具体的に加速度はどう求まるのでしょう？　加速度は「運動方程式」を使うと求まります。

● 運動方程式

$$質量 \times 加速度 = 力 \tag{13.4}$$

　この運動方程式について簡単に説明します。まず、加速度は力によってうまれるのですから、

$$加速度 = 何かの定数 \times 力 \tag{13.5}$$

という形になっていると考えられます。実際、物体を大きな力で押せば加速度は大きくなり、逆に弱い力で押せば加速度は小さくなります。

　一方、同じ力でも質量が大きいと動きにくい、つまり加速度は小さくなり、質量が小さくなると動きやすい、つまり加速度は大きくなります。そこで、式（13.5）は

$$加速度 = 定数 \times \frac{力}{質量} \tag{13.6}$$

という形だと考えられます。ここで、定数が1になるように両辺に質量をかけると、運動方程式（13.4）が得られます。力と物体の質量がわかれば、この方程式から加速度が決まり、それをアニメーションで使えばいいのです。

ニュートン力学

　自然界にはとても複雑な動きをする現象がたくさんあります。そのわりに、運動方程式はあまりにも簡単な式だと思いませんか？　複雑な動きを表現するには、もっと複雑な式が必要なのでしょうか？

　驚くかもしれませんが、私たちの身近なものの動きは、この運動方程式と「慣性の法則」、「作用・反作用の法則」という、たった三つの法則だけで表現できるので

す。この三つの法則からさまざまな自然界の現象を説明する物理を「ニュートン力学」といいます。

　慣性の法則というのは、「力が働かない限り、静止したものは静止したままで、動いているものはそのままの速度で動き続ける」というものです。作用・反作用の法則というのは、「すべての物は相手を押したら押し返されるし、引っ張ったら引っ張り返される」という法則です[*3]。

● ニュートンの3法則

慣性の法則

運動方程式　（質量 × 加速度 ＝ 力）

作用・反作用の法則

　CGの世界のアニメーションに限らず、月の動きも飛行機の動きも小鳥の羽ばたきも桜吹雪も、すべてこんな簡単な三つの法則で説明できるのです。

---

　*3　　正確には「第1の物体が第2の物体に力を及ぼしているときはいつでも、この第2の物体は大きさが等しく反対向きの力を第1の物体に及ぼす」となる。

13.4 パーティクル法

　ボールやリンゴのような簡単な物であれば、運動方程式をそのまま使って自然な動きのアニメーションを作ることができます。それでは、水の流れや炎、煙のアニメーションを運動方程式を使って作ることができるのでしょうか？　例えば、水が流れるアニメーションはどのように作ればよいのでしょうか？

　水が流れるのはサッカーボールがバウンドしたり、リンゴが木から落ちるのと同様、重力によるものです。よって、まずは重力が必要です。

　それでは「何が」流れるのでしょうか？　ボールがバウンドするときはボールを動かせばいいのです。水の場合、ボールに相当するのは水分子になるのでしょうが、水分子なんて数え切れないほどあります。そんなにたくさんの水分子を一つひとつアニメーションさせるのは数が多すぎて不可能です。どうしたらよいのでしょう？

　解決法の一つが「パーティクル法」と呼ばれる方法です（図13.6）。パーティクル（parcicle）は粒子を意味する英語からきています。いくつかのパーティクルの動きとして水の流れなどを作り出す方法です。

多数の粒子に水の質感を加えて水の流れを作る

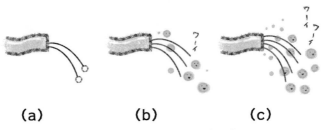

(a)　　　　　**(b)**　　　　　**(c)**

図13.6　パーティクルによる水の流れ

　図13.6の（a）では二つのパーティクルを落下させています。二つしかパーティクルがないと水が流れているようには見えませんが、（b）のように少しパーティクルの数を増やせば水が流れているように見えないこともありません。（c）ではさらに粒子の数を増やして、水に見えるようにパーティクルに水の質感を加えてやると、水が流れているように見えます。

　同じような方法で、水だけでなく炎や煙なども作れます。Mayaのような3DCGソフトを使うと、かなりリアルな水の映像が作れます。

　図13.7は、After Effectsでパーティクルの動きを、重力などを調整しながらアニメーションを作っているようすです。パーティクルに水の質感を加えていないのでそれほどリアルではありませんが、何かが流れているという雰囲気は伝わると思います。

図13.7 After Effectsのパーティクル設定画面

未来はすべて決定している？

　皆さんは自分の未来はどれだけ決まっていると考えるでしょう？　例えば明日の昼食は何を食べるのでしょう？　10年後、自分は何をしているのでしょう？　多くの人々はこれらはすでに決まっていることではなく、自分自身の頭で考え未来を選択していると考えると思います。しかしながら、先ほどのニュートン力学によれば自然界の動きはニュートンの3法則だけで決まってしまいます。動きが決まっているということは、未来が決まっているということです。すると、人間に自由意志は存在せず、自分で未来を切り開いているわけでもなく、ただ映画のフィルムを再生するように、ニュートン力学によって決められた未来を体験するのが人生だということなのでしょうか？

　現在の人類がどの程度未来を予言できるかを考えてみましょう。皆既日食の日時とか惑星がいつ、どこに見えるかということはかなり正確に予言できます。これは、太陽系には惑星の数が少なく、コンピューターで簡単に計算できるからです。これに対し、天気予報は現在でもけっこう外れます。これは計算量が膨大すぎて現在のコンピューターでは完全に天気を予測できないからです。とはいえ、予測が「難しい」だけで明日の天気は決まっていると考えることもできます。

　こんなふうに「未来はすべて決定している」と聞くと、自分では未来を切り開けないのかと落胆する人がいるかもしれませんね。じつは20世紀になって物理学の世界に、ミクロな世界で重要になる「量子力学」というものが誕生しました。この力学によれば、「未来はただ一つではなく、いろいろな可能性があり、そのいろいろな可能性のうちどの未来になるかは確率的にしかわからない」という驚くべき解釈ができます。確率的にしかわからないなんて、まるで神様がサイコロを振って未来を決めているかのようです[4]。「未来はいろいろな可能性がある」という考えを推し進めていった考えの一つに、量子力学では「多世界解釈」といって、たくさんのパラレルワールド（平行世界）が平行して存在するという考え方もあります。パラレルワールドが議論されている物理学の世界って、なんだかSFの世界みたいですね。

---

[4]　アインシュタインは量子力学のこの考え方に反対し、「神はサイコロを振らない」と言ったといわれている。

第 14 章

シンメトリーの世界

　「美しい作品を作るにはアーティストの感性や表現力が必要だ」と思っているかもしれません。ところが、感性や表現力はまったくない自然の中にも美しい形がたくさんあります。自然は美の宝庫なのです。そのような自然がもつ「美」には、しばしば「シンメトリー」が隠されています。

　ところで皆さんは「美しい形を描いてください」といわれたらどんな形を描くでしょうか？　下の余白に皆さんが美しいとおもう形を描いてみましょう。

　次のページに自然が作り出した美しい形の写真を掲載してあります。皆さん描いた美しい形と自然が作り出した形を見比べてみましょう。

14.1 基本的なシンメトリー

● シンメトリーとは？

　図14.1は雪の結晶の写真です。著者が北海道大雪山系旭岳の駐車場で撮影した
ものです。

図14.1　雪の結晶の写真（著者撮影）

　私たちがこれらの雪の結晶を美しいと感じる理由の一つは、そこに「シンメトリー」が隠されているからです。シンメトリーは日本語では「対称性」といい、一般には

何らかの操作をしたときに元に戻る性質

をいいます。自然界の美しい形には、しばしば何らかのシンメトリーが隠されています。人間はシンメトリーを自分たちの建築やデザインに取り入れてきました。シンメトリーにはいろいろな種類があるのですが、この章ではそのなかでも基本的な三つのシンメトリーを中心に学んでいくことにします。

　この章を読み終わってから周りを見渡すと、身の回りのありとあらゆる形、建築物、デザインにシンメトリーが隠されていることに気づくはずです。

シンメトリーその1：回転のシンメトリー

　図14.1の雪の結晶に隠されているシンメトリーは「回転のシンメトリー」です。まずは雪の結晶を美しく見せる回転のシンメトリーを紹介します。

　雪の結晶は上空の気温や水蒸気量によっていろいろな形になり千差万別です。しかし図14.1の雪の結晶をよく見ると、ある共通点があることに気づきませんか？すべて「60度回転すると元の形に戻る」という性質があるはずです。このように回転すると元に戻る性質のことを「（60度）回転のシンメトリーがある」などといいます。

球や花が美しい理由と回転のシンメトリー

　回転のシンメトリーは、雪の結晶だけでなく、美しいとされる形や身近な形の中にしばしば見ることができます。ここでは回転のシンメトリーが現れるいくつかの例を図14.2にのせました。

図14.2　回転のシンメトリーが見られる例

　左上のビー玉の写真ですが、このような球の形は何度回転しても同じ形なので、無限個の回転のシンメトリーがあります。球は非常に美しく、さまざまな装飾に使われています。地球や太陽も、だいたい球形です。球を美しいと感じる理由の一つに、それが無限個のシンメトリーをもつことがあげられます。

　右上はパリのノートルダム大聖堂にある「バラ窓」と呼ばれるステンドグラスです。ここにもやはり回転のシンメトリーがあります。左下は桜の花です。美しく咲いています。花が美しい理由の一つは、花に回転のシンメトリーがあることです。右下には観覧車があります。観覧車の形にも回転のシンメトリーがあります。

　以上、回転のシンメトリーが現れるいくつかの例を紹介しました。ある形にシンメトリーがあると、その形が美しく見えたり整って見える傾向があります。実際、桜の花の花びらを一枚剥ぎ取ったり、ビー玉を傷つけたり、バラ窓の一部を壊して回転のシンメトリーを崩してしまったら、図14.2の写真に感じるような美しさは損なわれてしまうはずです。

　身の回りに回転のシンメトリーをもつ形は他にもたくさんあります。例えば皿などの食器、ボール、万華鏡です。シャンデリアなどの美しい照明器具にも回転のシンメトリーが隠されていることが多いですね。他にも皆さんの身の回りを探すと、たくさん回転のシンメトリーの形が見つかると思います。

■ シンメトリーその２：鏡映のシンメトリー

　２番目のシンメトリーは「鏡映のシンメトリー」です。文字どおり、鏡映のシンメトリーは鏡に映すと元に戻る性質のことです。これは基本的にはよく知られた「左右シンメトリー」と同じです。左右シンメトリーは「左と右を入れ替えると元に戻る性質」ですが、よこや斜めにした場合はどちらが左でどっちが右かわかりにくくなるという問題があります。鏡映のシンメトリーであれば、そのような問題は起こりません。

　図14.3に、鏡映のシンメトリーをもつ形の例をあげました。

図14.3　鏡映のシンメトリー

　左上はパリのノートルダム大聖堂です。ヨーロッパのゴシック建築の多くは「これでもか」というくらいに鏡映対称にできています。興味のある人は他にもカンタベリー大聖堂など、いろいろなゴシック建築を見てみましょう。あまりにもいたるところに鏡映のシンメトリーがあることに驚くはずです。ノートルダム大聖堂の右側はタージ・マハルです。これも立派に鏡映対称にできていますね（写真には掲載していませんが、日本の古い建物も鏡映対称のものが少なくないように思えます）。

　子猫のような動物は多くがだいたい鏡映のシンメトリーです。人間、牛、犬、鹿などもだいたい鏡映のシンメトリーになっています。さらに蝶のような昆虫も、だいたい鏡映対称にできています。

　これまで挙げた例を見ると、鏡映のシンメトリーが美しさの要素の一つであることは明らかですね。皆さんの身の回りで鏡映のシンメトリーをもつ美しい形を他に

もいくつか思い浮かべてみましょう。

　じつは先ほどの雪の結晶には鏡映のシンメトリーもあります。富士山もだいたい鏡映のシンメトリーですね。自動車や電車などの乗り物、本箱や椅子などの家具、食器、文房具、服その他たくさんの形がだいたい鏡映のシンメトリーです。

家紋のシンメトリー

日本の家紋はシンメトリーの宝庫です（図14.4）。

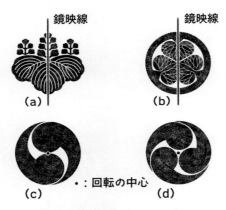

図14.4　家紋に見られるシンメトリー

　図14.4の（a）と（b）には鏡映線という線を引いてあります。この鏡映線を中心に鏡映のシンメトリーになっていることがわかります。これに対し、（c）や（d）には鏡映線を引くことができません。（c）は中心を180度回すと元に戻ります。つまり鏡映のシンメトリーではなく180度回転のシンメトリーをもっています。（d）は中心を120度回すと元に戻ります。こちらは120度回転のシンメトリーです。皆さんの家の家紋にはどんなシンメトリーがあるでしょうか？

▶ シンメトリーその3：並進のシンメトリー

　3番目のシンメトリーは「並進のシンメトリー」です。これは平行移動すると元に戻る性質のことです。例として、多くの繰り返し模様にはこの並進のシンメトリーがあります。図14.5は並進のシンメトリーをもった繰り返し模様の例です。みんな同じ模様が繰り返されています。

図14.5 並進のシンメトリー（繰り返し）
上図：青海波と麻の葉文様／下図：洋服のタータンチェックとレンガ

　これらの模様が美しいとされることの一つには「ある模様が繰り返されている」
からだといえるでしょう。例えば図14.5の上の写真は日本の伝統文様である青海
波と麻の葉文様ですが、波の形や麻の葉の形が繰り返されています。形1個だけで
も美しいかもしれませんが、それを整然と並べたものにはまた別の美しさがありま
す。下には洋服などに使われるタータンチェックの連続模様とレンガの連続模様が
あります。これらも1個1個の形だけでなく、同じ形が連続していることが形の印
象に大きな影響を与えています。

　繰り返しによる並進のシンメトリーをもったデザインはいたるところにあります。
洋服の柄でも、タータンチェック以外にも水玉模様や縞模様では、同じパターンが
繰り返された並進のシンメトリーをもつ模様になっているものが多くあります。着
物などに見られる色違いの正方形をによって作られる市松文様も、繰り返し模様が
見られる例です。

　皆さんの身の回りで「並進のシンメトリー」をもつ形をいくつか思い浮かべてみ
てください。著者が美しいとおもうのは、蜂の巣とか原子の結晶写真などです。原
子の結晶は肉眼では見えませんが、そんな極小の世界にも繰り返し模様があるなん
て不思議ですね。

イスラムの幾何学模様

　図14.6はスペインのアルハンブラ宮殿の写真です。アルハンブラ宮殿では、幾何学的な繰り返し文様に代表されるイスラムのアラベスク模様がふんだんに使われています。写真の右下のあたりで星のような形が繰り返し模様を作っているのがわかるでしょう。

図14.6　アルハンブラ宮殿　メスアールの間

　そもそもイスラム建築では、なぜこのような幾何学的な模様が使われたのでしょうか？それはコーランの偶像崇拝を否定する教えにより、抽象的な幾何学模様が使われるようになったといわれています。このアラベスク模様の幾何学的繰り返し模様は、どこか「無限」をあらわしているようにも感じられませんか。

14.2 音楽とシンメトリー

かえるの合唱に隠されたシンメトリー

シンメトリーはなにも目に見える形だけにあるのではありません。音楽にもシンメトリーが存在します。意外かもしれませんが、私たちがよく知っている曲にもけっこうシンメトリーが使われているのです。

例えば、よく知られている「かえるの合唱」にもシンメトリーがあります。かえるの合唱の最初の部分は

ドレミファミレド

ミファソラソファミ

となっています。どうでしょう？　シンメトリーが見つかりませんか？

かえるの合唱の「ドレミファミレド」は、「ファ」の音を中心に鏡映対称になっています。「ミファソラソファミ」も同じように、「ラ」の音を中心に鏡映対称になっています。このようにシンメトリーは音楽の中でも使われているのです。

鏡映よりも使われているシンメトリーは並進のシンメトリーでしょう。童謡の「ちょうちょう」は、完全な繰り返しというわけではありませんが、いずれも似たようなメロディを繰り返しています。このような繰り返しはシンメトリーの言葉で表現すると、並進のシンメトリーだといえます。

逆行カノンとシンメトリー

　バッハの曲の「音楽の捧げ物」の中に「逆行カノン」（または「蟹のカノン」）として知られている曲があります。全部で18小節ありますが、図14.7にその真ん中の6小節をのせました。楽譜を見てどんなシンメトリーがあるかわかりますか？

逆行カノン（蟹のカノン）
上と下の楽譜が鏡の像のように逆になっている

図14.7　逆行カノン

　ちょうど上の楽譜の声部が下の楽譜の声部と、鏡の像のように逆になっていることがわかります。楽譜の真ん中に鏡を置き左右を入れ替え、その後上下入れ替えると、元の楽譜になっているのです。つまり、鏡映して上下入れ替えると元に戻る性質があります。これもシンメトリーの一つです。

　実際にこの曲を聴いてみると、とてもきれいな曲になっています。ある楽譜と、それをひっくり返した楽譜をあわせて演奏したものがきれいに響くのは驚きです。

神様はえこひいきしない？

シンメトリーは自然の中で重要な役割を果たすことが知られています。数学や物理学の世界でもシンメトリーがいろいろなところに顔を出すのです。

じつは著者がシンメトリーについて学んだのは数学や物理学の世界です。結晶、物理法則など、ありとあらゆるところにシンメトリーが出てきます。自然にはシンメトリーが満ちあふれているのです。

それではなぜ自然にはこれほどまでにシンメトリーに満ちあふれているのでしょうか？

このように考えるのはどうでしょう。簡単のために左右対称だけ考えます。もしも自然にシンメトリーがなく、人間の顔などがいつも左右を比べたとき右に偏っていたら、それは「神様が右をえこひいきした」ということになります。もちろん、左右対称でない形もたくさんあります。しかし、もし神様がいたら、えこひいきせず右も左も平等に扱うはずです。逆にいうと「神様がえこひいきしなかったからシンメトリーができる」というわけです。

神様というと語弊があるかもしれませんが、自然には左と右のいずれかが特別なはずがないという考え方は、それほど突飛なものではないと思います。シンメトリーは右も左も平等に扱えば自然に出てくるものなのですね[1]。

---

[1] 実際、自然科学者は鏡映のシンメトリーが自然の法則には存在すると考えてきた。1950年代に例外があることが見つかって自然科学者を驚かせたが、それでもやはり多くの自然法則は鏡映対称になっている。

第 15 章

黄金比と白銀比

　多くの人には、足の短い人よりも長い人のことを美しいプロポーションだとおもう傾向があります。これはなぜでしょう？

　じつは私たちが美しさを感じる要素の一つに「比」というものがあります。例えば有名なミロのビーナス像は「へそから足先までの長さ」と「へそから頭までの長さ」がある比率になっていて、それがビーナス像の美しさの要素の一つになっているといわれることがあります。その比率が「黄金比」です。

　芸術作品のなかには、この黄金比が隠されているものがあることが知られています。この章では美の中に隠された黄金比について主に紹介します。

15.1 どちらの形が美しい?

　図15.1に、まったく同じ写真で単にたてよこの比を変えた2枚の写真があります。不思議なことに、まったく同じ写真なのに受ける印象が違うはずです。この2枚の写真ではどちらのほうが美しいと思いますか?

どちらが美しい?

たて：よこ＝1：1.2　　たて：よこ＝1：1.618

図15.1　どっちが美しい?（著者撮影）

　著者は右の細長い写真を選びました。おそらく私と同じように、右側の細長い写真を選んだ人が多いのではないでしょうか?　右側の写真のたてとよこの比は1：1.618になっています。

　この1：1.618という比が、「黄金比」と呼ばれるものです（1：1.618を簡単にした5：8（＝1：1.6）が黄金比とされることもあります）。「比」は美しさを決める要素の一つになっているのです。

● 黄金比

1：1.618　（簡単には5：8）

　なかにはたてとよこの比が 1：1.2 になっている左側の写真を選んだ人がいるかもしれません。でも「私って黄金比の美を理解できないのかしら」なんておもう必要はありません。美しいとおもうかどうかなんて、人によって違うのですから。

　美の基準は人によってどれくらい違うのでしょう？　19世紀にグスタフ・フェヒナーという人が、長方形のたてよこ比をいろいろ変えて、人々がどのたてよこ比の長方形を好むかを調べたことがあります。その結果が図15.2です。

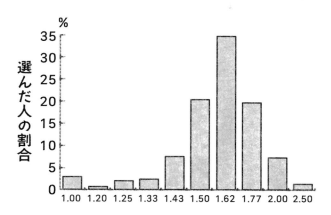

図15.2　人々は黄金比を好む？

　これを見ると、1.62、つまり黄金比に近い四角形を選んだ人が最も多かったことがわかります。しかし、すべての人が黄金比の四角形を選んだわけではなかったこともわかりますね。たてよこ比が 1：1.50 の四角形や 1：1.77 の四角形を選んだ人もけっこういます。著者は正方形の形もけっこう好みなのですが、図15.2を見ると正方形が好きな人も数パーセントいたようです。

　図15.1のたてとよこの比が 1：1.2 の四角形を選んだ人は、フェヒナーの調査（図15.2）によると0.2％です。1000人いれば2人はこの四角形を選ぶといえます。

芸術作品に隠された黄金比

　人類は黄金比をいろいろなところに取り入れてきました。例えば図15.3のパルテノン神殿には黄金比が取り入れられています。どこに取り入れられているかわかりますか？

図15.3　パルテノン神殿

　じつは図15.4のように、パルテノン神殿のたてよこ比が単純な黄金比になっています。

パルテノン神殿　たて：よこ＝5：8

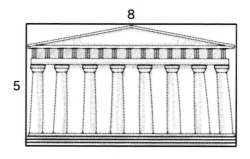

図15.4　パルテノン神殿の黄金比

　パルテノン神殿以外にも、いろいろな建築物に黄金比が取り込まれてきました。クフ王のピラミッドにも黄金比が隠されています。クフ王のピラミッドの長さは230 m で、高さは 146.7 m です。146.7：230 は約 1：1.6 になります。

　パルテノン神殿があまりにもたて長だったり低かったり、クフ王のピラミッドが高すぎたりしたら、いまよりも美しく見えなかったかもしれません。古代の美しい建築物のなかに、すでにたてよこの比が黄金比になっているものがあるのは驚きですね。

　歴史的な芸術作品でなくても、私たちの身近なものにも黄金比があります。例えば、名刺やキャッシュカード、クレジットカードなどのカード類です。ほかにも身

の回りに黄金比になっているものがあるかもしれません。

黄金比の作り方

　黄金比は 1 : 1.618 だと書きましたが、厳密にいうとこれは正確ではありません。正確な黄金比は例えば図15.5のようにして正方形から作られます。

$$BE = \frac{1+\sqrt{5}}{2}$$

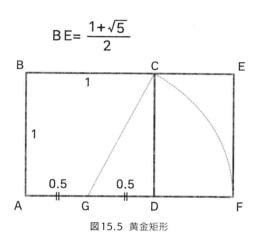

図15.5 黄金矩形

　まず正方形ABCDを作ります。そして辺ADの中心GからコンパスなどでGC＝GFとなるように辺ADの延長上にFを作ります。そしてFを使って長方形AFEBを作ると、この四角形のたてよこの比が正確な黄金比になります。

　こうして作った黄金比を数字であらわすと、$1 : \dfrac{1+\sqrt{5}}{2} = 1 : 1.618033989\cdots$

になります（三角形GDCに対して三平方の定理を使うと証明できます。数学が得意な人は挑戦してみましょう[*1]。図15.5の四角形を黄金矩形といいます。

● 正確な黄金比

$$1 : \frac{1+\sqrt{5}}{2} = 1 : 1.618033989\cdots$$

[*1]　$GC = \sqrt{1^2 + \left(\dfrac{1}{2}\right)^2} = \dfrac{\sqrt{5}}{2}$ ゆえ $AF = AG + GF(GC) = \dfrac{1}{2} + \dfrac{\sqrt{5}}{2} = \dfrac{1+\sqrt{5}}{2}$ となる。

15.2 数学や自然の中に隠された黄金比

黄金比の長方形と正方形の関係

　黄金比の長方形と正方形の間には面白い関係があります。先ほどの図15.5で作られた黄金比の長方形AFEBの中には、小さな長方形DFECがあります。じつはこの長方形も黄金比の四角形になっているのです。

黄金比の長方形の中に正方形を作ると、

残りの長方形のたてよこの比は再び黄金比になる

のです（この長方形のたてよこ比を計算すれば、確かに黄金比になっていることが確かめられます。数学が得意な人は証明してみましょう[*2]）。

　図15.6のように、黄金比の長方形の中に正方形を作る→残りの小さな黄金比の長方形の中に正方形を作る→残りの小さな黄金比の長方形の中に正方形を作る→……と繰り返していくと、黄金比の長方形の中に延々と小さな黄金比の長方形を描き続けることができるのです。

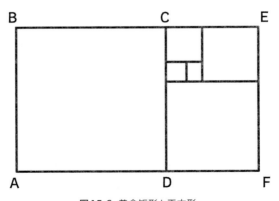

図15.6　黄金矩形と正方形

[*2] $DF = \dfrac{1+\sqrt{5}}{2} - 1 = \dfrac{\sqrt{5}-1}{2}$

よって、$DF : FE = \dfrac{\sqrt{5}-1}{2} : 1 = 1 : \dfrac{2}{\sqrt{5}-1} = 1 : \dfrac{2(\sqrt{5}+1)}{5-1} = 1 : \dfrac{1+\sqrt{5}}{2}$

▶らせんと黄金比

　美しい形の例として、「貝のらせん」があります。図15.7の左図の貝はオーム貝の断面図ですが、きれいならせんの形をしています。このらせん、じつは、「対数らせん」といわれる「らせん」になっています。そしてこの対数らせんは、図15.6の黄金比の長方形と正方形とある関係があるのです。図15.6をよく見ると、どこかにらせんは隠れていませんか？

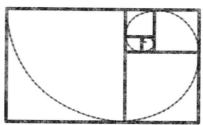

図15.7 黄金比が隠れているらせん

　図15.7の右図のように正方形の向かいあう頂点をなめらかにつないでいくと、らせんが出現します。このらせんは、左図の写真の貝のらせんとは少し形が違いますが、どちらも「対数らせん」です。きれいな貝のらせん形が黄金比と関係しているなんて驚きですね。

15.3 黄金比と人体

ミロのビーナス像

数学や自然の中に黄金比があることがわかりました。人体には黄金比は隠れていないのでしょうか？　ここでは黄金比と人体に関する例として、この章のとびらでも触れたミロのビーナス像を紹介します。

スマートに見える足の長さとは?

ルーブル美術館にあるミロのビーナス像は、古代ギリシアの美しい彫刻として人々に知られています。このミロのビーナス像は、図15.8のように、へその上までの長さ（$x+y$）とへその下の長さ（z）がだいたい5：8になっています。黄金比が隠されていたのです。ここから「短い足より長い足のほうがスマートに見える」理屈を考えると、足が長いほうがへその上とへその下の比が5：8に近いからだと解釈できます。

ミロのビーナス像にも
黄金比が隠されていた！

$$x : y = (x+y) : z = 5 : 8$$

図15.8　ミロのビーナス像と黄金比

顔の大きさと胴体にも黄金比が

　ミロのビーナス像には、ほかにもたくさんの黄金比が隠されています。一つは顔の大きさです。ミロのビーナス像では、顔の大きさの目安となる頭から首までの長さ（x）と、胴体の長さの目安となる首からおへそまでの長さ（y）の比も、図15.8のように $x:y=5:8$ で黄金比になっています。

⏩ ル・コルビジェとモデュロール

　近年、人体と黄金比と建築物との関係について追及した人としては、建築家であるル・コルビジェが有名です。日本でも上野公園にある国立西洋美術館がル・コルビジェの設計として知られています。

　ル・コルビジェは、「人間の住まう空間の基準となるものは人体の寸法であり、それは黄金比によって分割できる」と考え、人体の寸法と黄金比から独特の建築物の寸法を作りました。これは「モデュロール」と呼ばれています。

　ル・コルビジェの人体の黄金分割は、先ほどのミロのビーナス像のときと同じように、へその上から頭とへその下との比が $1:1.618$ と黄金比になっています。その人体の黄金分割のようすをあらわした図が図15.9です。

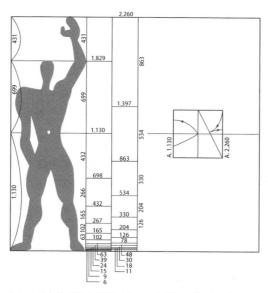

図15.9　モデュロールによる人体の黄金分割（ル・コルビジェ 著『モデュロールⅡ』（鹿島出版会）より）。図では頭の上1829、へそ1130、さらに698、432、267、165、102、63、39、24、15、9と人体が黄金比で分割されている。

　実際にこのモデュロールに基づいて設計された建物としては、マルセイユのユニテ・ダビタシオンがあります。

▶ 人間の顔と黄金比

　人体のプロポーションに黄金比が隠されているだけでなく、人間の顔にも黄金比が隠されています。有名な例はモナ・リザです。モナ・リザは図15.10のように、顔自体が黄金比の長方形になっているという解釈があります（ビューレント・アータレイ 著／高木隆司・佐柳信男 訳『モナ・リザと数学』（化学同人）より）。

モナ・リザの顔には黄金比が
隠されていた！

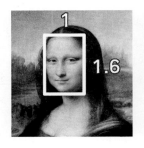

モナ・リザ　　　　　　著者

図15.10　顔の形と黄金比

　モナ・リザの顔に黄金比が隠されているのなら、自分の顔はどうだろうと思い、著者の証明写真を持ってきて図15.10のように四角形を描いてみました。残念ながら よこ：たて ＝ 1：1.4 で、黄金比の顔ではないことがわかりました。

　口の位置とか鼻の位置も、「美しい顔」の重要な要素の一つといえます。口の位置が低すぎたり鼻の位置が高すぎたりしたら、それだけで顔のイメージは大きく変わってしまいます。

　前述の『モナ・リザと数学』には、美容整形手術などの経験を通じて黄金比を研究してきたロバート・リケッツという人の話が掲載されています。リケッツによれば、人間の顔は毛髪の生え際からあごまでの長さと、毛髪の生え際から鼻の穴までの比が黄金比に近い値になっているそうです。著者も自分の毛髪の生え際からあごまでの長さと、毛髪の生え際から鼻の穴までの比を測定してみましたが、こちらはなんとか黄金比に近い値になっていました。

▣ 遺伝子DNAの中に隠された黄金比

人間の中にある黄金比は人体のプロポーションや顔だけではありません。DNAにも黄金比が隠されているのです（図15.11）。

DNA二重らせんに黄金比が！

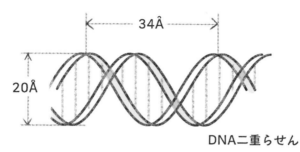

図15.11　DNAと黄金比

DNAは図15.11のような2重らせん構造をしています。『理科年表2020』（丸善出版）によると、このらせんの1ピッチ（1周期）の長さは34Å（オングストローム）です。一方、DNAのたての長さは20Åです。

ここで、らせんの1ピッチ（1周期）の長さとDNAのたての長さの比は $34:20 = 1.7:1$ であり、と黄金比の $1.618:1$ に近い値になっています。

私たちの多くが美しいとおもう黄金比が、私たちの体の中のDNAにも潜んでいるなんて、なんとも不思議だとおもいませんか？

15.4 日本人は白銀比キャラクターが好き

日本人の好きな比

　ここまで人体と黄金比の関係の話をしてきました。しかし日本人は西洋人とでは体形が異なります。顔の形も、一般に日本人は西洋人よりも丸っこいといわれます。ということは、日本人と西洋人とで美しいと感じる比率が同じとは限らないのではないでしょうか？

　著者は2010年代に4回、日本人と欧米人それぞれ1000人程度に対して好きな四角形を調査方法を変えて調査しました。その結果、すべての調査において日本人の場合は欧米人と異なり、正方形のような細長くない四角形を好むことが統計的に判明しました[*3]。すなわち欧米人は比較的細長い形を好み、日本人は欧米人と比べて細長くない形を好むのです。

和製キャラクターに隠された白銀比

　四角形以外で、好まれる身近な細長くない形の例は何でしょうか？　それはキャラクターです。日本のキャラクターはドラえもんやトトロなど、細長くないキャラクターがたくさんあります。

　キャラクターのたてよこ比について、秋山 孝氏は著書『キャラクター・コミュニケーション入門』（角川書店）において、アンパンマンなどの日本のキャラクターが白銀比の長方形に収まることを紹介しています。ここで白銀比とは $1:\sqrt{2}$ の比率のことです。

● 白銀比

$$1:\sqrt{2}\quad（約1:1.414）$$

　さらに木全 賢 著『デザインにひそむ〈美しさ〉の法則（ソフトバンク新書）』（SBクリエイティブ）でも、ハローキティなどサンリオキャラクターのいくつかが白銀比の長方形に収まることが紹介されています。著者もこれらの報告を受けて、日本

[*3]　好みの長方形の縦横比に関する日本欧米比較研究, 牟田淳著, 図学研究, 52巻1号, 9-14（2018）

人の好みのキャラクターをデータの立場から調べたところ、確かに多くのキャラクターが白銀比になっていることを確かめました[*4]。日本のキャラクターにはけっこう白銀比が使われているのです。

　日本人の多くは白銀比キャラクターが好きなようです。もし日本人向けにキャラクターをデザインするときは、この白銀比を意識するといいかもしれません。

　これに対しアメリカや英国で人気のキャラクターはスーパーマンなどのように細長くかっこいいキャラクターが多いです。文化によって好まれる形は異なるのです。

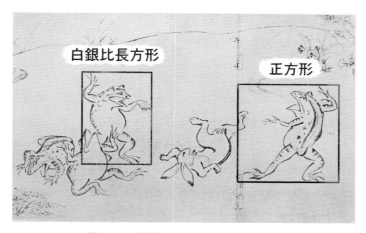

図15.12　鳥獣戯画における白銀比と正方形

　ちなみにキャラクターといえば日本の鳥獣戯画にも正方形や白銀比が使われています。このかえるやうさぎが人間のように細長かったらおそらくあまり人気は出ていなかったでしょう。

＊4　日本人の好きな形における比率の研究, 牟田淳著、芸術世界,16巻, 45-54（2010）、キャラクターから感じる印象の研究, 牟田淳著, 芸術世界,21巻, 27-40（2015）

参考文献

- 2020.4〜2022.4　こよみハンドブック, 大阪市立科学館,2020
- 渋谷眞人 著『レンズ光学入門―結像の本質を射抜く―』アドコム・メディア, 2009
- Paul G. Hewitt, Leslie A. Hewitt, John Suchocki 著／小出昭一郎 監修／黒星瑩一 訳『流体と音波（物理科学のコンセプト3）』共立出版, 1998
- 竹内洋一郎・杉山晃太郎 著『図解雑学 身近な哲学』ナツメ社, 2004
- S.K. ヘニンガー,Jr.著／山田耕士・正岡和恵・吉村正和・西垣学 翻訳『天球の音楽―ピタゴラス宇宙論とルネサンス詩学（クリテリオン叢書）』平凡社,1990
- 日本動物学会関東支部 編集『生き物はどのように世界を見ているか』学会出版センター, 2001
- ファインマン・レイトン・サンズ 著／富山小太郎 訳『ファインマン物理学II 光・熱・波動』岩波書店, 2002
- 松田隆夫 著『視知覚』培風館, 1995
- 粟野諭美・田島由起子・田鍋和仁・乗本祐慈・福江純 著『マルチメディア 宇宙スペクトル博物館<可視光編>天空からの虹色の便り』裳華房, 2001
- 佐藤勝彦 著『宇宙「96％の謎」―最新宇宙学が描く宇宙の本当の姿 』実業之日本社, 2003
- 吉田光由 著／大矢真一 校注『塵劫記（岩波文庫）』岩波書店, 1977
- 国立天文台 編『理科年表 2020』丸善出版, 2020
- 吉沢純夫 著『音波シミュレーション入門―Visual Basicで物理がわかる』CQ出版社, 2002
- 中村健太郎 著『図解雑学 音のしくみ』ナツメ社, 2005
- 鈴木陽一・赤木正人・伊藤彰則・佐藤洋・苣木禎史・中村健太郎 著『音響学入門』コロナ社, 2011
- 財団法人日本色彩研究所 編「カラーコーディネーターのための色彩科学入門」日本色研事業株式会社, 2001
- 一般社団法人照明学会 編『照明ハンドブック（第3版）』オーム社, 2020
- 小島寛之 著『数学の遺伝子』日本実業出版社, 2003
- 山田宏尚 著『図解雑学 デジタル画像処理』ナツメ社, 2006
- 林田宏之・橋口智仁・Konkon・黒田あや子・本城なお 著『Autodesk MAYA オフィシャルトレーニングブック』ワークスコーポレーション, 2006
- 橋本幸士 監修『ニュートン式 超図解 最強に面白い!! 超ひも理論』ニュートンプレス ,2019
- Paul G. Hewitt, Leslie A. Hewitt, John Suchocki 著／小出昭一郎 監修／黒星瑩一 訳『力と運動（物理科学のコンセプト1）』共立出版, 1997
- 湯川秀樹 著『湯川秀樹自選集 第四巻 創造の世界』朝日新聞社, 1971
- ビューレント・アータレイ 著／高木隆司・佐柳信男 訳『モナ・リザと数学』化学同人, 2006

- ル・コルビジェ 著／吉阪隆正 訳『モデュロールⅡ』鹿島出版会, 1976
- 中村滋 著『フィボナッチ数の小宇宙』日本評論社, 2002
- 木全賢 著『デザインにひそむ〈美しさ〉の法則（ソフトバンク新書）』SB クリエイティブ, 2006
- 秋山孝 著『キャラクター・コミュニケーション入門』角川書店, 2002

2段
2段

段

● 著　者

牟田　淳（むた　あつし）

1968 年生まれ。
東京大学理学部物理学科卒業。
同大学院理学系研究科物理学専攻博士課程修了、博士（理学）。
現在、東京工芸大学芸術学部基礎教育課程教授。
芸術学部に所属する理学系教員として、同大学でアートと数学、サイエンスの融合に関わる研究をしている。
趣味は旅行。最近はほぼ毎年南の島に旅行し、昼はシュノーケリングなどで魚と泳ぎ、夜は天の川などの天体観測や天体撮影を満喫している。

● イラスト

m UDA

アートのための数学（第2版）

| 2008 年 5 月 20 日 | 第 1 版第 1 刷発行 |
| 2021 年 3 月 5 日 | 第 2 版第 1 刷発行 |

著　者　牟田　淳
発行者　村上和夫
発行所　株式会社　オーム社
　　　　郵便番号　101-8460
　　　　東京都千代田区神田錦町 3-1
　　　　電話　03(3233)0641（代表）
　　　　URL　https://www.ohmsha.co.jp/

© 牟田　淳 2021

組版　BUCH⁺　印刷・製本　壮光舎印刷
ISBN978-4-274-22674-8　Printed in Japan

本書の感想募集　https://www.ohmsha.co.jp/kansou/
本書をお読みになった感想を上記サイトまでお寄せください.
お寄せいただいた方には，抽選でプレゼントを差し上げます.